Leandro Bertoldo
Fundamentos do Dinamismo

FUNDAMENTOS DO DINAMISMO

Leandro Bertoldo

Leandro Bertoldo
Fundamentos do Dinamismo

Leandro Bertoldo
Fundamentos do Dinamismo

Dedico este livro à minha eterna amada
Daisy Menezes Bertoldo

Leandro Bertoldo
Fundamentos do Dinamismo

Leandro Bertoldo
Fundamentos do Dinamismo

"*A Natureza fala sem cessar aos nossos sentidos*".

Ellen Gould White
**Escritora, conferencista, conselheira,
e educadora norte-americana.
(1827-1915)**

Leandro Bertoldo
Fundamentos do Dinamismo

Sumário

FUNDAMENTOS DO DINAMISMO
Prefácio
1. Introdução Geral
   1.1. Introdução
   1.2. Definição de Dinamismo
   1.3. Hipótese Fundamental
   1.4. Força Externa
   1.5. Impulso
   1.6. Força Induzida
   1.7. Primeira Lei do Dinamismo
   1.8. Segunda Lei do Dinamismo
   1.9. Terceira Lei do Dinamismo
   1.10. Quarta Lei do Dinamismo
   1.11. Quinta Lei do Dinamismo
2. Deduções Gerais
   2.1. Introdução
   2.2. Velocidade
   2.3. Impulso
   2.4. Força Externa e Induzida
   2.5. Força Externa e Dinâmica
3. Movimento Uniforme
   3.1. Introdução
   3.2. Definição de Velocidade
   3.3. Definição de Espaço
   3.4. Definição de Tempo
   3.5. Características do Movimento Uniforme Livre
   3.6. Velocidade
   3.7. Movimento Progressivo
   3.8. Movimento Retrógrado
   3.9. Força Induzida no Movimento Uniforme
   3.10. Função Horária do Movimento Uniforme
   3.11. Espaço e Força Induzida
   3.12. Força Induzida e Velocidade

Leandro Bertoldo
Fundamentos do Dinamismo

    4. Movimento Uniformemente Variado
        4.1. Introdução
        4.2. Definição de Aceleração
        4.3. Características de Movimento Uniformemente Variado
        4.4. Aceleração
        4.5. Relação Força Induzida e Velocidade
        4.6. Velocidade Média
        4.7. Força Induzida Média
        4.8. Movimento Acelerado
        4.9. Movimento Retardado
        4.10. Função da Velocidade em Relação ao Tempo.
        4.11. Função da Força Induzida em Relação a Velocidade
        4.12. Função da Força Induzida em Relação ao Tempo
        4.13. Função Horária do Espaço em Relação ao Tempo
        4.14. Equação de Torricelli
        4.15. Relação Equação de Torricelli e o Impulso
        4.16. Relação Equação de Torricelli e Força Induzida
    5. Queda Livre e Lançamento Vertical
        5.1. Introdução
        5.2. Queda Livre
        5.3. Lançamento Vertical
        5.4. Características do Movimento em Queda Livre
        5.5. Aceleração da Gravidade
        5.6. Equações Básicas
    6. Peso e Impacto
        6.1. Introdução
        6.2. Definição de Peso
        6.3. Peso
        6.4. Propriedades do Peso

Leandro Bertoldo
Fundamentos do Dinamismo

7. Gravidade
    7.1. Introdução
    7.2. Lei da Gravitação
    7.3. Relação Entre Peso e Força Externa
    7.4. Aceleração da Gravidade
    7.5. Impulso Gravitacional
    7.6. Impulso Gravitacional e Altura
    7.7. Impulso Gravitacional na Superfície do Planeta
    7.8. Impulso Gravitacional em Relação à Superfície
    7.9. Peso de um Corpo
    7.10. Peso e Altura
    7.11. Peso na Superfície do Planeta
    7.12. Peso em Relação à Superfície
    7.13. Impulso, Distância e Raio
    7.14. Peso, Distância e Raio
    7.15. Impulso, Peso e Distância
    7.16. Velocidade de Um Corpo em Órbita
    7.17. Força Induzida de Um Corpo em Órbita

TEORIA DO DINAMISMO
    Prefácio
1. Crítica à Dinâmica
2. Princípios do Dinamismo
    2.1. Introdução
    2.2. Conceitos básicos
    2.3. Princípios da Teoria do Dinamismo
    2.4. Observações Gerais
3. Origens e Fundamentos do Dinamismo
    3.1. História do Dinamismo
    3.2. Leis Fundamentais
4. Síntese da Teoria do Dinamismo
    4.1. Introdução
    4.2. Definições e Conseqüências
5. Características da Teoria do Dinamismo
    5.1. Introdução

5.2. Aplicações
5.3. Explicações
6. Reflexão Final

AS CAUSAS DO MOVIMENTO
1. Introdução
2. Considerações Iniciais
3. Definição Inicial
4. Hipótese Fundamental
5. Demonstrações
6. Leis Fundamentais do Dinamismo
7. Força Induzida e Movimento
8. Força Externa e Movimento
9. Objeções e Soluções
10. Conclusão

BIOGRAFIAS
GLOSSÁRIO
NOTAS
BIBLIOGRAFIA

PARTE I

TEORIA DO DINAMISMO

Leandro Bertoldo

Leandro Bertoldo
Fundamentos do Dinamismo

Prefácio

Toda teoria deve ser confirmada pela experiência e toda experiência deve ser interpretada à luz da teoria.

Leandro Bertoldo

Investigar as causas mais profundas do movimento e estabelecer meios para prevê-los em função dessas causas, são os objetivos primordiais do modelo do Dinamismo, uma teoria que surgiu arrasando muitos conceitos científicos que representam as raízes dos cedros seculares que sustentam muitos ramos da ciência moderna.

O Dinamismo é constituído por um conjunto simples de princípios fundamentais através dos quais todos os fatos conhecidos são compreendidos e novos resultados são previstos.

Este modelo pode ser caracterizado como um dos grandes avanços alcançados no desenvolvimento da Mecânica Clássica nos últimos tempos. Ele também representa uma reviravolta fundamental na história da investigação científica. Na verdade com o advento do Dinamismo a ótica da natureza se apresenta totalmente diferente daquela existente desde Newton, bem como unificada sob algumas leis simples e de aplicação universal.

O termo *dinamismo* (do grego *dynamis*) tal como é empregado atualmente por Leandro, refere-se ao estudo das inter-relações entre forças e todas as formas de movimentos, unindo e superando a *Cinemática* de Galileu Galilei (1564-1642) e a *Dinâmica* de Isaac Newton (1642-1727). O Dinamismo serve de nome para designar uma teoria científica geral e abstrata que estuda o mundo natural em sua perspectiva cotidiana. Ela também fornece as ferramentas básicas para a compreensão de todo a Mecânica Clássica.

Na Antigüidade a Filosofia Natural - que incluía os conhecimentos sobre a natureza do movimento - não havia alcançado o sonhado *status* de uma ciência unificadora dos diversos fenômenos mecânicos.

Os pensadores gregos com o propósito de compreenderem melhor a natureza buscaram em vão essa unificação. Sob essa perspectiva, o atual modelo do Dinamismo cumpre parte do objetivo desse antigo projeto unificador.

Da filosofia grega até ao Dinamismo moderno a trajetória percorrida pela ciência foi muito longa. E somente no final século XX é que foram estabelecidas as vigas mestras desse novo modelo científico. Sendo que exclusivamente com Leandro Bertoldo é que os conceitos da antiga física vão recobrar a sua condição de teoria científica e se ver livre da estagnação imposta pela Dinâmica Clássica Newtoniana. Com a moderna Teoria do Dinamismo foi lançada uma profunda base para a compreensão da natureza. *Felix qui potuit rerum cognoscere causas.* [1]

A visão planificada da estrutura do mundo natural revelada pelo Dinamismo serve como um modelo único a qualquer forma de modelo científico e vem a oferecer a chave para compreensão de alguns enigmas do mundo natural, atingindo finalmente o alvo unificador proposto pelos antigos filósofos gregos.

Na Antigüidade o célebre filosofo grego Aristóteles (384-322 a.C.) discutiu em sua *Physis* os princípios que permitiram os intelectuais concluírem que o movimento se mantém enquanto o corpo está sob a ação de uma força externa, e quando a ação da força é retirada o corpo retorna ao seu estado natural de repouso. Ou ainda que um corpo mais pesado cai mais depressa do que um mais leve. Durante a Idade Média foi adotado o paradigma da Teoria do Ímpeto como uma alternativa às idéias de Aristóteles. Esta teoria defendia a hipótese de que um corpo mantém sua situação de movimento enquanto estiver sob a ação de um ímpeto. Entretanto, a comprovação de todas essas idéias necessitava do rigor, da avaliação e das precisas técnicas matemáticas de que Leandro se serviu para demonstrar o seu modelo de dinamismo.

As primeiras experiências rigorosas realizadas no século XVII por Galileu Galilei demonstraram que as idéias de Aristóteles, como apresentada, eram totalmente incorretas. O erro deste filósofo e dos que se seguiram residia na afirmação de que o movimento se mantém unicamente por causa da ação contínua de uma *força externa*. Sendo que na ausência desta força o corpo retornava ao seu estado natural de repouso. Eles não levaram em consideração a possibilidade do movimento na ausência do efeito exercido pela força de atrito.

Conta a lenda que Galileu subiu no alto da torre de Pisa e deixou cair livremente dois corpos de diferentes pesos, tendo o único propósito de provar como era errada a afirmação dos filósofos aristotélicos de que em queda livre as velocidades dos corpos seriam diferentes para cada peso.

Mesmo Isaac Newton na primeira versão de sua pequena obra intitulada *De Motu*, adotou por algum tempo o ponto de vista de que a causa de um corpo permanecer em movimento uniforme em linha reta era devido a uma suposta força intrínseca. Porém, rapidamente, rejeitou tal idéia e abraçou o célebre princípio da inércia que se adaptava facilmente à sua segunda lei do movimento.

No século XVIII, a Mecânica Newtoniana poderia ser dividida e classificada, para fins didáticos, em algumas partes fundamentais, a saber: *Cinemática, Estática, Dinâmica e Gravitação*. Sendo que a Cinemática realiza o estudo do movimento dos corpos sem atrelá-lo à sua causa; a Estática estuda as forças em equilíbrio; a Dinâmica procura compreender as causas do movimento em função do conceito de força externa, e finalmente, a Gravitação estuda os efeitos que a atração gravitacional exerce sobre a matéria.

Estes ramos apresentam uma certa conexão lógica simplesmente porque a Mecânica Clássica conseguiu mesclar as leis da Cinemática com as leis da Dinâmica, todavia tal arranjo deixa muito a desejar. Na realidade o que ocorre é que o modelo Newtoniano, sob vários aspectos, é altamente insuficiente e insatisfatório como se verificará no decorrer do presente tratado.

Com o surgimento e desenvolvimento da moderna Teoria do Dinamismo, foi desencadeado um novo paradigma no pensamento científico contemporâneo. Esse conceito permite visualizar os fenômenos da Mecânica Clássica sob uma ótica mais lógica, consistente e unificadora. Tal fato constitui por si só uma das grandes contribuições de Leandro à Física.

Portanto, torna-se evidente que essa apresentação unificada da Mecânica exige um reexame de toda a estrutura da Física sob o ponto de vista do **Dinamismo** em vez do ponto de vista clássico da **Dinâmica**.

É claro que nenhum conceito científico possui o *status* de dogma, e nem mesmo deve haver autoridade humana para impor tais conceitos. Verdade é que a história vem demonstrando que toda explicação teórica das descobertas da ciência tem sido provisória, e que a mesma está em constante desenvolvimento. Pode-se observar que as teorias estão sempre mudando para comportarem novas observações e, portanto, estão sujeita a novos conceitos, retificações e reelaborações. Cada nova aventura *por mares nunca dantes navegados* revela algo de mais sublime e sutil que jaz numa maior profundeza do que qualquer coisa que já tenha sido escavada e desvendada anteriormente. Simplesmente o assunto é inexaurível.

Sob esta perspectiva, a Teoria do Dinamismo é um conceito atual quando visto sob a ótica de que a ciência não é estática e nem dogmática, mas está sempre em crescente processo de desenvolvimento e aperfeiçoamento. Portanto, ela não revela a realidade última a respeito da natureza, mas apenas apresenta um modelo conceitual dos fenômenos. Por esta razão, exige revisões e reavaliações de teorias e princípios que lhe antecederam.

Para o século XX, o Dinamismo representa uma atitude bastante ousada ao questionar algumas "explicações" oferecidas pela Dinâmica Newtoniana. Entretanto, com o Dinamismo, Leandro apresentou soluções surpreendentes sem necessariamente contradizer a Física Clássica.

Na verdade, dentro da Mecânica, o Dinamismo é a mais excepcional e invulgar descoberta até hoje efetuada. Essa nova teoria apóia-se em evidência tangíveis, lógicas e experimentais, como as que servem de base para justificar qualquer ciência moderna.

Com a Teoria do Dinamismo, a Mecânica foi generalizada de tal forma que é tratada como um conceito todo engrenado, consistente e harmonioso. A síntese realizada pelo Dinamismo representa uma perfeita unificação entre a Cinemática e a Dinâmica. Ela investiga as mais profundas relações existentes entre as forças e os correspondentes movimentos adquiridos pelos mais variados corpos nas mais diversas situações.

leandrobertoldo@ig.com.br
Leandro Bertoldo

1. Introdução Geral

1.1. Introdução

A presente introdução geral destina-se a apresentar os fundamentos de uma nova teoria científica, denominada por "Teoria do Dinamismo", descoberta em 1.978 e que procura explicar as causas fundamentais dos movimentos.

1.2. Definição de Dinamismo

A "Teoria do Dinamismo" é uma parte da Física que estuda a descrição dos movimentos em função direta de suas causas. Ela estabelece a relação que existe entre velocidade, aceleração e forças. E tendo em vista a grande generalização alcançada pelo Dinamismo, ele pode ser tomado como sendo a própria Mecânica.

1.3. Hipótese Fundamental

Entre as descobertas de Leandro está a de que todo móvel transporta uma força. E somente foi possível analisar esta força após o estabelecimento do postulado de Leandro que a seguir será apresentado.

No ano de 1.978, Leandro desenvolveu a ousada hipótese de que todos os corpos em movimento transportam uma força intrínseca chamada por "força induzida".

Para apresentar a sua hipótese em forma matemática, ele expressou a força induzida (i) de um móvel em função de sua velocidade (V), conforme a seguinte relação:

$$e = i/V$$

Onde a letra (**e**) representa uma constante de caráter universal, chamada por "estímulo".

Entretanto devido a algumas dificuldades com a Dinâmica Clássica e o interesse do cientista por outros assuntos, levaram-no a deixar a questão para uma ulterior reflexão. Em 1.995, voltou a abordar o problema. E ao encontrar a sua solução, descobriu a existência de algumas forças fundamentais à compreensão teórica e filosófica do Dinamismo. Essas forças são as seguintes: "força externa"; "impulso" e "força induzida".

1.4. Força Externa

A força externa é a ação de origem exterior que atua sobre um corpo qualquer. É uma força newtoniana.

1.5. Impulso

E uma nova grandeza física, que resulta da ação da força externa e da resistência oferecida pela inércia à alteração do seu estado de repouso ou de movimento.

1.6. Força Induzida

É o resultado da interação do impulso no decorrer do tempo. A força induzida não apresenta a natureza física da força newtoniana.

1.7. Primeira Lei do Dinamismo

Na ausência de forças induzidas todo corpo permanece em seu estado de repouso.

Simbolicamente o referido enunciado é expresso por:

$$(r) \to i = 0$$

1.8. Segunda Lei do Dinamismo

Todo corpo permanece no seu estado de movimento retilíneo e uniforme ao infinito devido unicamente a interação da força induzida.
O referido enunciado é expresso simbolicamente por:

$$(MU) \to i \neq 0$$

1.9. Terceira Lei do Dinamismo

A *força externa que atua sobre um corpo é igual ao produto entre a massa desse corpo pela aceleração que apresenta.*
Simbolicamente o referido enunciado é expresso pela seguinte igualdade:

$$F = m \cdot \alpha$$

1.10. Quarta Lei do Dinamismo

O *impulso que interage num corpo é igual ao produto existente entre o estímulo pela aceleração que esse corpo apresenta.*
O referido enunciado é expresso simbolicamente pela seguinte equação:

$$f = e \cdot \alpha$$

1.11. Quinta Lei do Dinamismo

A *variação de força induzida num móvel é igual ao produto entre o impulso pela variação de tempo.*

O referido enunciado é expresso simbolicamente pela seguinte equação:

$$\Delta i = f \cdot \Delta t$$

As leis supra mencionadas constituem os fundamentos da nova Teoria do Dinamismo.

Leandro Bertoldo
Fundamentos do Dinamismo

Leandro Bertoldo
Fundamentos do Dinamismo

2. Deduções Gerais

2.1. Introdução

Nesta seção será considerada a dedução das relações matemáticas obtidas a partir das Leis do Dinamismo.

2.2. Velocidade

Sabe-se que a variação de força induzida acumulada e transportada por um móvel em movimento uniformemente variado é igual ao produto entre o impulso pela variação de tempo. Simbolicamente o referido enunciado é expresso pela seguinte igualdade:

$$\Delta i = f \cdot \Delta t$$

Também se sabe que o impulso que interage num móvel é igual ao produto entre o estímulo pela aceleração. O referido enunciado é expresso simbolicamente pela seguinte igualdade:

$$f = e \cdot \propto$$

Substituindo convenientemente as duas últimas expressões obtém-se a seguinte:

$$\Delta i = e \cdot \alpha \cdot \Delta t$$

Ocorre que no movimento uniformemente variado a variação de velocidade é igual ao produto entre a aceleração pela variação de tempo. Simbolicamente o referido enunciado é expresso por:

$$\Delta V = \alpha \cdot \Delta t$$

Substituindo convenientemente as duas últimas expressões obtém-se a seguinte:

$$\Delta i = e \cdot \Delta V$$

Portanto pode-se concluir que a variação de força induzida é igual ao produto entre o estímulo pela variação de velocidade de um corpo em movimento uniformemente variado.
Também se pode escrever que:

$$\Delta V = 1/e \cdot \Delta i$$

Logo se pode afirmar que a variação de velocidade é proporcional à variação de força induzida.

2.3. Impulso

Foi apresentado que a força externa é igual ao produto entre a massa pela aceleração que o corpo apresenta.
Simbolicamente o referido enunciado é expresso pela seguinte igualdade:

$$F = m \cdot \alpha$$

Também foi apresentado que o impulso é igual ao produto entre o estímulo pela aceleração.
O referido enunciado é expresso simbolicamente pela seguinte equação:

$$f = e \cdot \alpha$$

Substituindo convenientemente as duas últimas expressões, obtém-se que:

$$f = e \cdot F/m$$

Portanto, pode-se concluir que o impulso é igual ao produto entre o estímulo pela força externa inversa pela massa.

Desse modo pode-se afirmar que quanto maior for a força externa tanto maior será o impulso que resulta. E quanto maior for a massa do móvel, tanto menor será o impulso resultante.

2.4. Força Externa e Induzida

Sabe-se que a força externa que atua sobre um móvel é igual ao produto entre a massa pela aceleração que o corpo apresenta.

Simbolicamente o referido enunciado é expresso por:

$$F = m \cdot \alpha$$

Também se sabe que a variação da força induzida é igual ao produto entre o impulso pela variação de tempo.

O referido enunciado é expresso simbolicamente pela seguinte igualdade:

$$\Delta i = f \cdot \Delta t$$

Multiplicando membro a membro ambas as expressões, obtém-se que:

$$F \cdot \Delta i = m \cdot \alpha \cdot f \cdot \Delta t$$

Ocorre que a variação de velocidade de um móvel em movimento uniformemente variado é igual ao produto entre a aceleração pela variação de tempo.

Simbolicamente o referido enunciado é expresso por:

$$\Delta V = \alpha \cdot \Delta t$$

Substituindo convenientemente as duas últimas expressões, vem que:

$$F \cdot \Delta i = m \cdot f \cdot \Delta V$$

2.5. Força Externa e Dinâmica

Sabe-se que a força externa é igual ao produto entre a massa pela aceleração.
O referido enunciado é expresso simbolicamente pela seguinte igualdade:

$$F = m \cdot \alpha$$

Também se sabe que o impulso é igual ao produto entre o estímulo pela aceleração do móvel.
Simbolicamente o referido enunciado é expresso por:

$$f = e \cdot \alpha$$

Multiplicando membro a membro as duas últimas expressões obtém-se que:

$$F \cdot f = m \cdot \alpha \cdot e \cdot \alpha$$

Portanto vem que:

$$F \cdot f = m \cdot e \cdot \alpha^2$$

Leandro Bertoldo
Fundamentos do Dinamismo

3. Movimento Uniforme

3.1. Introdução

Aqui será estudado o movimento uniforme. Nesse tipo de movimento o móvel percorre distâncias iguais em intervalos de tempos iguais. Nestas condições a força induzida é constante, o que caracteriza uma velocidade constante.

3.2. Definição de Velocidade

A velocidade é uma grandeza física que avalia a variação de espaço percorrido pelo móvel no decorrer do tempo. Ela mede a própria intensidade do movimento.

3.3. Definição de Espaço

O espaço percorrido por um móvel é sua variação de posição.

3.4. Definição de Tempo

O tempo é um conceito primitivo concebido a partir da noção de passado, presente e futuro.

3.5. Características do Movimento Uniforme Livre

O movimento uniforme livre é aquele que apresenta as seguintes características:
   1^a - O movimento é retilíneo e uniforme.
   2^a - O movimento é infinito.

3ª - A velocidade é constante no decorrer do tempo.
4ª - O móvel transporta uma força induzida.
5ª - A força induzida é constante no decorrer do tempo.
6ª - A força externa é nula.
7º - O impulso é nulo.
8ª - A força induzida é diferente de zero.
9ª - Nesse tipo de movimento a aceleração é nula.

3.6. Velocidade

A velocidade é definida como sendo igual ao quociente da variação de espaço inversa pela variação de tempo.
Simbolicamente o referido enunciado é expresso pela seguinte relação:

$$V = \Delta S/\Delta t$$

O espaço avalia a distância percorrida pelo móvel. E no movimento uniforme a velocidade é constante porque o móvel percorre distâncias iguais em intervalos de tempos iguais.
A unidade de velocidade é igual à relação entre a unidade de comprimento pela unidade de tempo.

3.7. Movimento Progressivo

Quando o móvel se desloca no sentido da orientação positiva de uma trajetória, o espaço percorrido "cresce algebricamente" no passar do tempo.
Nesta situação a "velocidade é positiva" e o movimento é denominado por "progressivo".
Simbolicamente o referido enunciado é expresso por:

$$(MP) \rightarrow S_1 > S_0 \Rightarrow V > 0$$

3.8. Movimento Retrógrado

Se o móvel desloca-se em sentido contrário ao da orientação positiva da trajetória, o espaço percorrido "decresce algebricamente" no decorrer do tempo. Nesta condição a "velocidade é negativa" e o movimento é definido por "retrogrado".
O referido enunciado é expresso simbolicamente por:

$$(MR) \rightarrow S_1 < S_0 \Rightarrow V < 0$$

3.9. Força Induzida no Movimento Uniforme

Na presente obra foi demonstrado que no movimento uniformemente variado, a variação de força induzida é igual ao produto entre o estímulo pela variação de velocidade.
Simbolicamente o referido enunciado é expresso por:

$$\Delta i = e . \Delta V$$

No movimento retilíneo e uniforme tem-se que:

$$\Delta V = V - V_0, \text{ como } V_0 = 0, \Rightarrow \Delta V = V$$
$$\Delta i = i - i_0, \text{ como } i_0 = 0, \Rightarrow \Delta i - i$$

Portanto, como no movimento uniforme a força induzida e a velocidade não varia. Dessa forma a expressão que relaciona a força induzida com a velocidade, se reduz à seguinte:

$$i = e . V$$

Assim pode-se afirmar que no movimento uniforme a força induzida transportada por um móvel é igual ao produto entre o estímulo pela velocidade do mesmo.

Da mesma forma como o sinal da variação de espaço determina o sinal da velocidade, esta por sua vez determina o sinal da força induzida. Portanto a força induzida é positiva no movimento progressivo, e negativa no movimento retrógrado, o que serve de critério indicativo do sentido do movimento.

3.10. Função Horária do Movimento Uniforme

A função horária é uma expressão matemática que relaciona o espaço com o tempo. No movimento uniforme o móvel percorre distâncias iguais em intervalos de tempos iguais. Nestas condições a velocidade é constante, sendo definida matematicamente pela seguinte relação:

$$V = \Delta S / \Delta t$$

Como:

$$\Delta S = S - S_0$$
$$\Delta t = t - t_0$$

Pode-se escrever que:

$$V = S - S_0 / t - t_0$$

Portanto vem que:

$$S - S_0 = V \cdot (t - t_0)$$

Assim resulta que:

$$S = S_0 + V \cdot (t - t_0)$$

Considerando que:

$$t_0 = 0$$

Logo se concluí que:

$$S = S_0 + V \cdot t$$

A referida expressão é conhecida como "função horária do movimento uniforme". Sendo que, a cada intervalo de tempo, obtém-se em correspondência o valor do intervalo do espaço percorrido pelo móvel.

3.11. Espaço e Força Induzida

A função horária do movimento uniforme permite escrever que:

$$S = S_0 + V \cdot t$$

Foi demonstrado que a velocidade de um móvel em movimento uniforme é igual ao inverso do estímulo multiplicado pela força induzida.
Simbolicamente pode-se escrever que:

$$V = 1/e \cdot i$$

Substituindo convenientemente as duas últimas expressões, resulta que:

$$S = S_0 + i \cdot t/e$$

3.12. Força Induzida e Velocidade

Sabe-se que a velocidade de um corpo animado de um movimento uniforme é igual à relação entre a variação de espaço percorrido pelo móvel pela variação de tempo.

O referido enunciado é expresso simbolicamente pela seguinte relação:

$$V = \Delta S/\Delta t$$

Foi demonstrado que a força induzida transportada por um móvel em movimento uniforme é igual ao produto entre o estímulo pela velocidade.
Simbolicamente pode-se escrever a seguinte igualdade:

$$i = e \cdot V$$

Substituindo convenientemente as duas últimas expressões, obtém-se que:

$$i = e \cdot \Delta S/\Delta t$$

A força induzida transportada por um corpo em movimento uniforme é igual ao quociente do produto entre o estímulo pela variação de espaço, inversa pela variação de tempo.

4. Movimento Uniformemente Variado

4.1. Introdução

Esta seção tem por objetivo analisar o movimento uniformemente variado. Nesse movimento o móvel apresenta velocidades iguais em intervalos de tempos iguais. Nesse tipo de movimento o impulso que interage no móvel é constante, o que implica que sua aceleração também é constante.

4.2. Definição de Aceleração

A aceleração é uma grandeza física que avalia a variação da velocidade no decorrer do tempo. Ela mede a taxa de variação da intensidade do movimento.

4.3. Características de Movimento Uniformemente Variado

O movimento uniformemente variado apresenta as seguintes características:
 1ª - A velocidade varia uniformemente no decorrer do tempo.
 2ª - A força induzida varia uniformemente no decorrer do tempo.
 3ª - A força externa que atua no móvel é constante.
 4ª - O impulso que interage no móvel é constante.
 5ª - A aceleração resultante no móvel é constante.

4.4. Aceleração

No movimento uniformemente variado a aceleração de um corpo é igual à relação existente entre a variação de velocidade pela variação de tempo.

Simbolicamente o referido enunciado é expresso pela seguinte relação:

$$\alpha = \Delta V / \Delta t$$

No movimento uniformemente variado a aceleração é constante porque o móvel apresenta velocidades iguais em intervalos de tempos iguais.

A unidade de aceleração é igual à relação entre a unidade de velocidade pela unidade de tempo.

4.5. Relação Força Induzida e Velocidade

No movimento uniformemente variado sabe-se que o impulso que interage num móvel é constante e igual ao produto entre o estímulo pela aceleração que o móvel apresenta.

Simbolicamente o referido enunciado é expresso por:

$$f = e \cdot \alpha$$

Galileu Galilei demonstrou que num movimento uniformemente variado a aceleração de um móvel é constante e igual à relação matemática existente entre a variação de velocidade pela variação de tempo.

O referido enunciado é expresso simbolicamente por:

$$\alpha = \Delta V / \Delta t$$

Substituindo convenientemente as duas últimas expressões, obtém-se que:

$$f = e \cdot \Delta V / \Delta t$$

Sabe-se que no movimento uniformemente variado, a variação da força induzida é igual ao produto entre o impulso pela variação de tempo.
Simbolicamente o referido enunciado é expresso por:

$$\Delta i = f \cdot \Delta t$$

Portanto, substituindo convenientemente as duas últimas expressões, obtém-se que:

$$\Delta i = e \cdot \Delta V$$

Logo se pode concluir que a variação de força induzida é igual ao produto entre o estímulo pela variação de velocidade.

4.6. Velocidade Média

Uma propriedade fundamental do movimento uniformemente variado é a velocidade média do movimento.
Portanto num intervalo de tempo a velocidade média é a média aritmética das velocidades definidas num intervalo de tempo.
Simbolicamente o referido enunciado pode ser expresso por:

$$V_m = (V + V_0)/2$$

4.7. Força Induzida Média

Por analogia à velocidade média, pode-se afirmar que a força induzida média é a média aritmética das forças induzidas nos instantes do intervalo de tempo considerado.
O referido enunciado é expresso simbolicamente pela seguinte relação:

$$i_m = (i + i_0)/2$$

4.8. Movimento Acelerado

O movimento acelerado é aquela cujo módulo da velocidade cresce no decorrer do tempo. Nesta condição podem ocorrer duas situações distintas:

I - Se o móvel se desloca no sentido da orientação positiva da trajetória o movimento é denominado "acelerado progressivo". Nestas condições a velocidade e a aceleração são positivas.

Simbolicamente o referido enunciado é expresso por:

$$(MAP) \rightarrow (V > 0), (\alpha > 0)$$

No movimento acelerado progressivo a força induzida e o impulso são positivos.

Simbolicamente o referido enunciado é expresso por:

$$(MAP) \rightarrow (i > 0), (f > 0)$$

II - Se o móvel se desloca no sentido contrario ao da orientação positiva da trajetória o movimento é denominado "acelerado retrógrado". Nestas condições a velocidade e a aceleração são negativas.

O referido enunciado é expresso simbolicamente por:

$$(MAR) \rightarrow (V < 0), (\alpha < 0)$$

No movimento acelerado retrógrado a força induzida e o impulso são negativos. O referido enunciado é expresso simbolicamente por:

$$(MAR) \rightarrow (i < 0), (f < 0)$$

4.9. Movimento Retardado

O movimento retardado é aquele cujo módulo da velocidade diminui no passar do tempo. Nesta condição podem ocorrer duas situações, a saber:

I - Se o móvel desloca-se a favor da orientação positiva da trajetória, o movimento é denominado por "retardado progressivo".
Nesta situação a velocidade é positiva e a aceleração negativa.
Simbolicamente o referido enunciado é expresso por:

$$(MRP) \rightarrow (V > 0), (\alpha < 0)$$

No movimento retardado progressivo a força induzida é positiva e o impulso negativo.
Simbolicamente o referido enunciado é expresso por:

$$(MRP) \rightarrow (i > 0), (f < 0)$$

II - Se o móvel desloca-se contra a orientação positiva da trajetória, o movimento é denominado por "retardado retrógrado".
Nesta condição a velocidade é negativa e a aceleração positiva.
O referido enunciado é expresso simbolicamente por:

$$(MRR) \rightarrow (V < 0), (\alpha > 0)$$

No movimento retardado retrogrado a força induzida é negativa e o impulso positivo.
O referido enunciado é expresso simbolicamente por:

$$(MRR) \rightarrow (i < 0), (f > 0)$$

Leandro Bertoldo
Fundamentos do Dinamismo

4.10. Função da Velocidade em Relação ao Tempo.

No movimento uniformemente variado a aceleração é definida como sendo igual ao quociente da variação da velocidade inversa pela variação de tempo.

Simbolicamente o referido enunciado é expresso por:

$$\alpha = \Delta V/\Delta t$$

Porém sabe-se que:

$$\Delta V = V - V_0$$
$$\Delta t = t - t_0$$

Substituindo convenientemente as três últimas expressões, vem que:

$$\alpha = V - V_0/t - t_0$$

Considerando que:

$$t_0 = 0$$

Então se pode escrever que:

$$\alpha = V - V_0/t$$

Assim vem que:

$$V - V_0 = \alpha \cdot t$$

Portanto resulta que:

$$V = V_0 + \alpha \cdot t$$

A referida expressão é a função da velocidade em relação ao tempo, no movimento uniformemente variado. Ela permite conhecer o valor da velocidade de um corpo em cada instante, bastando conhecer os valores da velocidade inicial e da aceleração do móvel.

4.11. Função da Força Induzida em Relação a Velocidade

Foi demonstrado na presente obra que a força induzida está relacionada com a velocidade através da seguinte equação:

$$\Delta i = e \cdot \Delta V$$

Portanto, pode-se escrever que:

$$i - i_0 = e \cdot \Delta V$$

Logo resulta que:

$$i = i_0 + e \cdot \Delta V$$

A referida expressão caracteriza a função da força induzida em relação à variação de velocidade do móvel. Conhecendo-se a força induzida inicial e a variação de velocidade, determina-se a força induzida atual.

4.12. Função da Força Induzida em Relação ao Tempo

A força induzida de um móvel em movimento uniformemente variado também pode ser expressa por:

$$\Delta i = f \cdot \Delta t$$

A referida expressão permite escrever que:

$$i - i_0 = f \cdot (t - t_0)$$

Considerando que:

$$t_0 = 0$$

Então resulta que:

$$i = i_0 + f \cdot t$$

A referida expressão caracteriza a função da força induzida em relação ao tempo. Basta conhecer a força induzida inicial e o tempo para se obter a força induzida do móvel.

4.13. Função Horária do Espaço em Relação ao Tempo

Os estudos de Galileu Galilei permitiram estabelecer uma equação para avaliar o espaço percorrido por um móvel em movimento uniformemente variado.

Sabe-se que a velocidade média de um corpo em movimento uniformemente variado é expressa pela seguinte relação:

$$V_m = V + V_0/2$$

Portanto o espaço percorrido pelo móvel é expresso por:

$$\Delta S = (V + V_0) \cdot t/2$$

Porém, sabe-se que:

$$V = V_0 + \alpha \cdot t$$

Leandro Bertoldo
Fundamentos do Dinamismo

Assim, substituindo convenientemente as duas últimas expressões, obtém-se que:

$$\Delta S = (V_0 + \alpha \cdot t + V_0) \cdot t/2$$

Ou seja:

$$\Delta S = (2V_0 + \alpha \cdot t) \cdot t/2$$

Logo vem que:

$$S - S_0 = V_0 \cdot t + \alpha \cdot t^2/2$$

Portanto resulta que:

$$S = S_0 + V_0 \cdot t + \alpha \cdot t^2/2$$

A referida expressão permite obter o valor do espaço percorrido pelo móvel em cada instante, uma vez conhecido os valores do espaço inicial, velocidade inicial e aceleração.

4.14. Equação de Torricelli

Foi demonstrado que a velocidade de um móvel é avaliada pela seguinte equação de Galileu Galilei.

$$V = V_0 + \alpha \cdot t$$

Portanto, pode-se escrever que:

$$t = (V - V_0)/\alpha$$

Também foi demonstrado que a função horária do espaço é expressa por:

Leandro Bertoldo
Fundamentos do Dinamismo

$$S = S_0 + V_0 \cdot t + \alpha \cdot t^2/2$$

Portanto pode-se escrever que:

$$S - S_0 = V_0 \cdot t + \alpha \cdot t^2/2$$

Substituindo convenientemente as duas últimas expressões, resulta que:

$$\Delta S = V_0 \cdot (V - V_0)/\alpha + \alpha/2 \cdot [(V - V_0)/\alpha]^2$$
$$\Delta S = V \cdot (V_0 - V^2{}_0)/\alpha + \alpha/2 \cdot [(V^2 - 2 \cdot V) \cdot (V_0 + V^2{}_0)]/\alpha^2$$

Eliminando os termos em evidência, vem que:

$$\Delta S = (V \cdot V_0 - V^2{}_0)/\alpha + [(V^2 - 2 \cdot V) \cdot (V_0 + V^2{}_0)]/2 \cdot \alpha$$

Assim pode-se escrever:

$$\Delta S = [2 \cdot V_0 \cdot (V - 2 \cdot V^2{}_0) + (V^2 - 2 \cdot V) \cdot (V_0 + V^2{}_0)]/2 \cdot \alpha$$

Subtraindo os termos em comum, vem que:

$$\Delta S = (V^2 - V^2{}_0)/2 \cdot \alpha$$

Portanto pode-se escrever que:

$$V^2 = V^2{}_0 + 2 \cdot \alpha \cdot \Delta S$$

A referida equação permite calcular a velocidade de um móvel em movimento uniformemente variado, sem a necessidade de conhecer a grandeza variável tempo.

4.15. Relação Equação de Torricelli e o Impulso

Na presente obra foi demonstrado que a velocidade de um corpo pode ser expressa pela seguinte equação:

$$V^2 = V^2_0 + 2 \cdot \alpha \cdot \Delta S$$

Também se sabe que o impulso de tal movimento é expressa pelo produto entre o estímulo pela aceleração. Simbolicamente o referido enunciado é expresso pela seguinte igualdade:

$$f = e \cdot \alpha$$

Substituindo convenientemente as duas últimas expressões, obtém-se que:

$$V^2 = V^2_0 + 2 \cdot f \cdot \Delta S/e$$

4.16. Relação Equação de Torricelli e Força Induzida

No presente tratado foi demonstrada a seguinte realidade:

$$V^2 = V^2_0 + 2 \cdot \alpha \cdot \Delta S$$

Portanto pode-se escrever que:

$$\Delta V^2 = 2 \cdot \alpha \cdot \Delta S$$

Porém, sabe-se que a variação de força induzida é igual ao produto existente entre o estímulo pela variação de velocidade. Simbolicamente o referido enunciado é expresso pela seguinte igualdade:

$$\Delta i = e \cdot \Delta V$$

Elevando ambos os termos ao quadrado, obtém-se que:

$$\Delta i^2 = e^2 \cdot \Delta V^2$$

Substituindo convenientemente, obtém-se que:

$$\Delta i^2/e^2 = 2 \cdot \alpha \cdot \Delta S$$

Portanto resulta que:

$$\Delta i^2 = 2 \cdot e^2 \cdot \alpha \cdot \Delta S$$

Também se sabe que a aceleração de um móvel é igual à relação matemática entre o impulso pelo estímulo. Simbolicamente pode-se escrever que:

$$\alpha = f/e$$

Substituindo convenientemente as duas últimas expressões, obtém-se que:

$$\Delta i^2 = 2 \cdot e^2 \cdot f \cdot \Delta S/e$$

Eliminando os termos em evidência, resulta que:

$$\Delta i^2 = 2 \cdot e \cdot f \cdot \Delta S$$

Também se sabe que o estímulo é expresso pela seguinte relação matemática:

$$e = f/\alpha$$

Substituindo convenientemente as duas últimas expressões, vem que:

$$\Delta i^2 = 2 \cdot f \cdot f \cdot \Delta S/\alpha$$

Portanto resulta que:

$$\Delta i^2 = 2 \cdot \Delta S \cdot f^2/\alpha$$

5. Queda Livre e Lançamento Vertical

5.1. Introdução

Nesta parte do artigo será considerado o estudo do movimento dos corpos em queda livre, bem como o estudo do lançamento vertical, próximos à superfície da Terra.

5.2. Queda Livre

Considera que um corpo está em queda livre quando o mesmo é abandonado próximo à superfície terrestre, com uma velocidade inicial nula, na ausência de resistência de ar, atraído unicamente pela ação da força gravitacional.

5.3. Lançamento Vertical

No lançamento vertical é impressa no corpo uma certa velocidade inicial diferente de zero, no sentido ascendente ou descendente ao campo gravitacional do planeta.

5.4. Características do Movimento em Queda Livre

O movimento de um corpo em queda livre apresenta as seguintes propriedades:
   1^a - O movimento de um corpo em queda livre ou num lançamento vertical é uniformemente variado.
   2^a - A velocidade de um corpo em queda livre varia uniformemente no decorrer do tempo.
   3^a - A força externa gravitacional atua de forma contínua e constante.

4ª - O impulso gravitacional que interage no corpo em queda livre é constante.

5ª - A aceleração da gravidade comunicada a um corpo em queda livre é constante.

6ª - A força induzida gravitacional de um corpo em queda livre varia uniformemente no decorrer do tempo.

7ª - A força induzida de um corpo lançado verticalmente para cima, decresce no decorrer do tempo.

8ª - Quando o móvel atinge a altura máxima de sua trajetória, a força induzida gravitacional é nula, instantaneamente.

9ª - Tendo por referência ponto da trajetória, o tempo empregado na subida é igual ao da descida.

10ª - Num ponto da trajetória, o módulo da força induzida gravitacional apresenta os mesmos valores, tanto na subida como na descida.

5.5. Aceleração da Gravidade

Qualquer que seja a massa do corpo em queda livre, próximo à superfície da Terra, a aceleração comunicada ao móvel será sempre a mesma.

Essa aceleração é denominada por "aceleração da gravidade", representada pela letra (**g**).

Todo corpo próximo à superfície da Terra é atraído pela aceleração da gravidade de valor constante. Esse valor é o seguinte:

$$g = 9,80665 \text{ m/s}^2$$

Onde a letra (**m**) representa a unidade de comprimento chamada por "metro" e a letra (**s**) representa a unidade de tempo denominada por "segundo".

Sabe-se que o valor da aceleração da gravidade varia com a latitude e altitude da região considerada. Nesse caso, infere-se que o impulso gravitacional varia com a latitude e altitude do lugar.

5.6. Equações Básicas

As equações deduzidas para o movimento uniformemente variado aplicam-se perfeitamente ao movimento em queda livre e ao lançamento vertical.
Nesse movimento têm-se as seguintes equações:

1º - Equações do Dinamismo
 a) $f = e \cdot g$
 b) $F = m \cdot g$
 c) $\Delta i = e \cdot \Delta V$
 d) $f = e \cdot F/m$
 e) $i = i_0 + f \cdot t$
 f) $i = i_0 + e \cdot \Delta V$

2º - Equações Cinemáticas
 a) $g = \Delta V / \Delta t$
 b) $V = V_0 + g \cdot t$
 c) $S = S_0 + V_0 \cdot t + g \cdot t^2/2$
 d) $V^2 = V^2_0 + 2 \cdot g \cdot \Delta S$

6. Peso e Impacto

6.1. Introdução

Na presente seção será traçada uma breve consideração sobre as grandezas físicas "peso" e "impacto", sob a perspectiva da Teoria do Dinamismo.

6.2. Definição de Peso

O peso é uma força atrativa de interação entre um planeta e um corpo de prova.

6.3. Peso

Todo corpo próximo à superfície da Terra interage com ela e adquire um impulso gravitacional constante cujo valor não depende da massa do corpo considerado.

Se o corpo apresenta um certo impulso, isso indica que sobre o mesmo atua uma força externa. Portanto, pode-se afirmar que a Terra atrai o corpo, sendo que o peso é definido matematicamente como sendo igual ao produto entre a massa desse corpo pelo impulso gravitacional.

Simbolicamente o referido enunciado é expresso por:

$$p = m \cdot f$$

É evidente que o peso de um corpo varia de local para loca, porque a aceleração da gravidade varia com a longitude e altitude, embora a sua massa seja a mesma em qualquer lugar.

6.4. Propriedades do Peso

1ª - Qualquer corpo em queda livre apresenta peso nulo.

2ª - O peso é uma força estática em repouso.

3ª - O peso é uma grandeza vetorial cujo vetor tem o sentido do centro do planeta.

4ª - O peso será tanto maior quanto maior for a massa do corpo de prova e tanto maior quanto maior for a intensidade do impulso gravitacional.

7. Gravidade

7.1. Introdução

No Universo todos os corpos sofrem uma interação à distância. Essa interação manifesta o seu efeito sob a forma de uma força atrativa.

7.2. Lei da Gravitação

No século XVII, o físico inglês Isaac Newton (1642-1727) estabeleceu que a força de interação entre a matéria é diretamente proporcional ao produto das massas dos corpos e inversamente proporcional ao quadrado da distância entre seus centros. Simbolicamente o referido enunciado é expresso pelo seguinte equação:

$$F = G \cdot M \cdot m/d^2$$

A constante de proporcionalidade (**G**) é denominada por "constante de gravitação universal". Seu valor experimental no Sistema Internacional é o seguinte:

$$G = 6,67 \cdot 10^{-11} \text{ N m}^2/\text{Kg}^2$$

7.3. Relação Entre Peso e Força Externa

Sabe-se que o peso de um corpo imerso num campo gravitacional apresenta uma intensidade de força expressa por:

$$p = m \cdot f$$

Newton estabeleceu que a força de atrai um corpo para o centro da Terra apresenta a seguinte intensidade:

$$F = G \cdot M \cdot m/d^2$$

Substituindo convenientemente as duas últimas expressões, vem que:

$$F = G \cdot M \cdot p/f \cdot d^2$$

Portanto pode-se escrever que:

$$F \cdot f/p = G \cdot M/d^2$$

7.4. Aceleração da Gravidade

Sabe-se que a intensidade da força externa (**F**) que interage num corpo imerso num campo gravitacional é expressa por:

$$F = m \cdot g$$

Ocorre que Newton demonstrou que a força de atração entre dois corpos é expressa por:

$$F = G \cdot M \cdot m/d^2$$

Substituindo convenientemente as duas últimas expressões resulta que:

$$m \cdot g = G \cdot M \cdot m/d^2$$

Eliminando os termos em evidência resulta que:

$$g = G \cdot M/d^2$$

A referida expressão permite calcular a aceleração da gravidade em função da massa do planeta e da distância que separa um ponto em relação ao centro desse planeta.

7.5. Impulso Gravitacional

Foi apresentado que o impulso gravitacional num corpo imerso num campo gravitacional é igual ao produto entre o estímulo pela aceleração da gravidade.
Simbolicamente o referido enunciado é expresso por:

$$f = e \cdot g$$

Foi demonstrado que a aceleração da gravidade é diretamente proporcional à massa do planeta e inversamente proporcional ao quadrado da distância.
O referido enunciado é expresso simbolicamente pela seguinte relação:

$$g = G \cdot M/d^2$$

Substituindo convenientemente as duas últimas expressões, obtém-se que:

$$f/e = G \cdot M/d^2$$

Logo resulta que:

$$f = e \cdot G \cdot M/d^2$$

Como o produto entre duas constantes resulta numa constante genérica pode-se escrever que:

$$k = e \cdot G$$

Substituindo convenientemente as duas últimas expressões vem que:

$$f = k \cdot M/d^2$$

Portanto, pode-se concluir que o impulso gravitacional é diretamente proporcional à massa do planeta e inversamente proporcional ao quadrado da distância que separa um ponto do centro do planeta.

7.6. Impulso Gravitacional e Altura

Na lei da gravitação universal considere que a letra (**m**) representa a massa de um corpo localizado a uma altura (**h**) em relação à "superfície" da Terra. Considere também que a letra (**M**) representa a massa do planeta. E que a letra (**R**) representa o raio da Terra.

Portanto a distância que separa um corpo do centro da Terra é igual à soma entre o raio da Terra com a altura em relação à superfície do planeta.

Simbolicamente o referido enunciado é expresso por:

$$d = R + h$$

Foi demonstrado que o impulso gravitacional é expressa por:

$$f = k \cdot M/d^2$$

Substituindo convenientemente as duas últimas expressões vem que:

$$f = k \cdot M/(R + h)^2$$

7.7. Impulso Gravitacional na Superfície do Planeta

Foi demonstrado no presente estudo que o impulso gravitacional varia com a altura conforme a seguinte expressão:

$$f = k \cdot M/(R + h)^2$$

Entretanto se o corpo estiver na superfície do planeta, a altura será nula. Simbolicamente o referido enunciado é expresso por:

$$h = 0$$

Portanto pode-se concluir que na superfície do planeta o impulso gravitacional será expressa por:

$$F_0 = k \cdot M/R^2$$

7.8. Impulso Gravitacional em Relação à Superfície

Foi demonstrado que o impulso gravitacional varia com a altura conforme a seguinte expressão:

$$f = k \cdot M/(R + h)^2$$

Também foi demonstrado que o impulso gravitacional à superfície do planeta é expressa por:

$$F_0 = k \cdot M/R^2$$

Substituindo convenientemente as duas últimas expressões, obtém-se que:

$$k \cdot M = f \cdot (R + h)^2 = f_0 \cdot R^2$$

Portanto pode-se concluir que:

Leandro Bertoldo
Fundamentos do Dinamismo

$$f = f_0 \cdot [R/(R + h)]^2$$

7.9. Peso de um Corpo

Um corpo imerso num campo gravitacional e estando em repouso em relação ao centro do planeta apresenta um peso expresso pela seguinte equação:

$$p = m \cdot f$$

Sabe-se que o impulso gravitacional é expressa pela seguinte relação matemática:

$$f = k \cdot M/d^2$$

Substituindo convenientemente as duas últimas expressões, resulta que:

$$p = k \cdot M \cdot m/d^2$$

7.10. Peso e Altura

Foi apresentado que o peso de um corpo é expresso pelo produto entre a massa desse corpo pelo impulso gravitacional do planeta.
Simbolicamente o referido enunciado é expresso por:

$$p = m \cdot f$$

No presente estudo foi demonstrado que o impulso gravitacional do planeta varia com a altura conforme prevê a seguinte expressão matemática:

$$f = k \cdot M/(R + h)^2$$

Substituindo convenientemente as duas últimas expressões, vem que:

$$p = k \cdot M \cdot m/(R + h)^2$$

7.11. Peso na Superfície do Planeta

Foi demonstrado que o peso de um corpo varia com a altura conforme a seguinte expressão:

$$p = k \cdot M \cdot m/(R + h)^2$$

Porém se o corpo estiver na superfície do planeta, a altura será nula. Portanto pode-se escrever que:

$$h = 0$$

Logo se conclui que na superfície do planeta um corpo apresenta peso conforme a seguinte equação:

$$p_0 = k \cdot M \cdot m/R^2$$

7.12. Peso em Relação à Superfície

No presente estudo foi demonstrado que o peso de um corpo varia com a altura conforme a seguinte expressão:

$$p = k \cdot M \cdot m/(R + h)^2$$

Também foi demonstrado que o peso de um corpo na superfície do planeta é expresso por:

$$p_0 = k \cdot M \cdot m/R^2$$

Leandro Bertoldo
Fundamentos do Dinamismo

Igualando convenientemente as duas últimas expressões, vem que:

$$k \cdot M \cdot m = p \cdot (R + h)^2 = p_0 \cdot R^2$$

Logo se pode concluir que:

$$p = p_0 \cdot R^2/(R + h)^2$$

7.13. Impulso, Distância e Raio

Foi demonstrado que o impulso gravitacional varia com a distância conforme a seguinte expressão:

$$f = k \cdot M/d^2$$

Também foi demonstrado que o impulso na superfície do planeta é expressa por:

$$f_0 = k \cdot M/R^2$$

Igualando convenientemente as duas últimas expressões, obtém-se que:

$$k \cdot M = f \cdot d^2 = f_0 \cdot R^2$$

Portando pode-se escrever que:

$$f/f_0 = R^2/d^2$$

7.14. Peso, Distância e Raio

No presente estudo foi demonstrado que o peso de um corpo varia com a distância conforme a seguinte expressão:

$$p = k \cdot M/d^2$$

Foi demonstrado que o peso de um corpo na superfície do planeta é expresso por:

$$p_0 = k \cdot M/R^2$$

Igualando convenientemente as duas últimas expressões, obtém-se que:

$$k \cdot M = p \cdot d^2 = p_0 \cdot R^2$$

Logo se tem a seguinte igualdade:

$$p/p_0 = R^2/d^2$$

7.15. Impulso, Peso e Distância

Foi demonstrado no presente estudo que o impulso gravitacional guarda relação com a distância, conforme a seguinte expressão:

$$f/f_0 = R^2/d^2$$

Também foi demonstrado que o peso de um corpo tem relação com a distância, conforme a seguinte igualdade:

$$p/p_0 = R^2/d^2$$

Igualando convenientemente as duas últimas expressões, resulta que:

$$p/p_0 = f/f_0 = R^2/d^2$$

7.16. Velocidade de Um Corpo em Órbita

A força externa de atração que atua num corpo em órbita é expressa por:

$$F = G \cdot M \cdot m/d^2$$

Sabe-se que a força externa gravitacional é igual à força centrípeta do movimento. Simbolicamente pode-se escrever que:

$$F = F_c$$

Também se sabe que a força centrípeta de um corpo em órbita é expressa por:

$$F_c = m \cdot V^2/d$$

Substituindo convenientemente as três últimas expressões, obtém-se que:

$$m \cdot V^2/d = G \cdot M \cdot m/d^2$$

Eliminando os termos em evidência resulta que:

$$V^2 = G \cdot M/d$$

A referida expressão caracteriza a velocidade de um corpo em órbita.

7.17. Força Induzida de Um Corpo em Órbita

No presente estudo foi apresentada a demonstração de que o quadrado da velocidade de um corpo em órbita é diretamente proporcional à massa do planeta e inversamente proporcional à distância.

O referido enunciado é expresso simbolicamente pela seguinte igualdade:

$$V^2 = G \cdot M/d$$

Foi apresentado que a força induzida de um corpo é igual ao produto entre o estímulo pela velocidade. Simbolicamente o referido enunciado é expresso por:

$$i = e \cdot V$$

Elevando todos os termos ao quadrado, obtém-se que:

$$i^2 = e^2 \cdot V^2$$

Substituindo convenientemente as últimas expressões, obtém-se que:

$$i^2/e^2 = G \cdot M/d$$

Assim vem que:

$$i^2 = e^2 \cdot G \cdot M/d$$

Como o produto entre o quadrado do estímulo pela constante de gravitação universal resulta numa constante genérica, pode-se escrever que:

$$C = e^2 \cdot G$$

Substituindo convenientemente as duas últimas expressões, obtém-se que:

$$i^2 = C \cdot M/d$$

Portanto pode-se afirmar que o quadrado da força induzida de um corpo em órbita é proporcional ao quociente da massa do planeta e inversamente proporcional à distância que separa esse corpo do centro do planeta.

PARTE II

TEORIA DO DINAMISMO

Leandro Bertoldo

Prefácio

*Não sei como eu posso parecer ao mundo;
a mim me parece que fui apenas um menino
que brincava na praia e se divertia
procurando uma pedrinha mais lisa
e uma conchinha mais bonita do que as outras,
enquanto o grande oceano da verdade
se estendia à minha frente, inexplorado.*

Isaac Newton

Para a elaboração da presente obra, intitulada **Teoria do Dinamismo**, o autor se serviu de sua experiência de mais de quatro lustros em pesquisas na área de Física. E, após dois meses de minucioso trabalho, primando pela simplicidade sobre o conceito de Dinamismo, chega às mãos do leitor esta pequena e singela obra.

Totalmente narrada na terceira pessoa do singular, representa uma síntese autobiográfica que faz apologia aos principais pontos do desenvolvimento do revolucionário modelo do Dinamismo. O trabalho apresentado aqui é uma versão qualitativa condensada da obra *Teoria Matemática e Mecânica do Dinamismo*, manuscrita por Leandro em 1.995/96.

Ao sintetizar a extensão do seu trabalho original, o autor teve por prioridade tornar acessível ao grande público a compreensão do modelo do Dinamismo, inclusive quanto ao seu aspecto técnico e histórico. Por esta razão a presente obra não tem a pretensão de tratar amplamente das "demonstrações" das leis do Dinamismo, tarefa que coube aos grandes tratados e comentários de Leandro.

A linguagem utilizada na **Teoria do Dinamismo** é clara e direta. Não há divagações, nem longas e cansativas exposições, de sorte a proporcionar ao leitor uma profunda compreensão do modelo do Dinamismo. E quando pertinente, alguns *provérbios*, *locuções latinas* e *citações celebres*, foram expostos ao texto com a finalidade de tornar sua leitura mais agradável e atraente ao leitor.

Trata-se de uma obra com idéias originais de grande interesse e atualidade, que focaliza os problemas básicos da Física Clássica com grande acuidade e, na verdade, com grande coragem, pois o autor oferece soluções inusitadas que fogem ao sabor antiquado tradicional.

O autor entrega esta obra ao publico ledor levado pela profunda convicção de que ela esclarece assuntos de interesse universal e de grande importância à ciência, e sobre o qual a luz é ardentemente desejada pelos intelectos mais esclarecidos; outrossim, pela convicção de que apresenta verdades fundamentais totalmente desconhecidas dos homens.

A obra ora expedida ao público e dirigida aos estudiosos em geral, tem como propósito fundamental oferecer num único volume, todas as informações necessárias à compreensão do modelo do Dinamismo. E, mesmo sendo de fácil leitura, apresenta idéias originais e avançadas a respeito dessa nova teoria.

Dado ao método utilizado na elaboração da presente obra, dela pode servir-se não só o grande público leitor, mas também os estudantes, pesquisadores e cientistas em geral. Nela o real compromisso do autor é com as explicações claras de idéias complexas de Dinamismo.

As informações aqui veiculadas são apresentadas apenas com o propósito de esclarecimento popular. E para chegar ao objetivo preconizado, o autor entendeu necessário traçar, em rápidas pinceladas, esclarecimentos das antigas idéias sobre o tema, das objeções à Dinâmica e das soluções apresentadas pelo Dinamismo.

Pode-se dizer que os assuntos tratados nesta obra estão sustentados em quatro seções. A primeira traz à balha problemas encontrados na teoria newtoniana e cujas soluções oferecem ao leitor o fundamento necessário para encampar ou combater as antigas idéias. Na segunda foi analisado a origem e os fundamentos do novo modelo científico do Dinamismo, mais especificamente a interação entre as quatro forças do movimento e suas conseqüências. Na terceira foi discutido como o

Leandro Bertoldo
Fundamentos do Dinamismo

Dinamismo remove as objeções levantadas contra a Dinâmica. Finalmente, na quarta seção têm-se as conclusões finais.

Com o propósito de aumentar o nível didático da obra, contam os leitores ao final com um glossário que expõe algumas definições sucintas dos principais termos empregados, notas traduzindo as frases latinas utilizadas na obra e um breve sumário, o que vem a tornar a consulta mais rápida e racional.

Se bem que trate de assuntos tão extraordinários, assuntos que solapam as idéias até as suas raízes mais profundas, e que despertam as mais sublimes emoções, fica mais uma vez enfatizado o fato de que o estilo do livro é lúcido, a linguagem é objetiva e simples.

Deve-se acrescentar que a presente obra é totalmente despretensiosa, mas feita com dedicação, na esperança de que venha trazer uma pequena luz à ciência da Mecânica. E que a chama desta pequena luz possa brilhar cada vez mais intensamente, levando muitos a escalarem esta montanha, onde no topo há um farol que clareia enormes distâncias inexploradas. Este é o desejo sincero e a confiante expectativa do autor.

Finalizando, ousa pedir ardorosamente de todo o coração a indulgência do publico leitor por eventuais falhas que possam ter ocorrido na elaboração desta obra.

Mogi das Cruzes, 23 de Outubro de 1997.
leandrobertoldo@ig.com.br
Leandro Bertoldo

1. Crítica à Dinâmica

Você sabe meu método. É baseado na observação de coisas triviais.

Sherlock Holmes

A Teoria Dinâmica apresentada em 1687 pelo genial físico inglês Isaac Newton forneceu o fundamento necessário que tornou possível o rápido desenvolvimento da Física nos séculos seguintes. E desde então tem alcançado estrondoso êxito na explicação de muitos aspectos do mundo natural. Mas, apesar disso, não conseguiu livra-se de críticas, objeções e contestações. Por volta de 1978 ficou claro para Leandro que a teoria de Newton, aparentemente tão bem sucedida, era inadequada na explicação lógica e consistente de muitos fenômenos físicos, os quais serão analisados em vários tópicos no decorrer da presente obra. E, para apresentar uma descrição dessa teoria em suas partes insatisfatórias, é necessário levar em consideração alguns dos seus pontos fracos, bem como algumas de suas características obscuras. *Dubitando ad veritatem pervenimus.* [2]

Eis alguns argumentos que conduziram à Teoria do Dinamismo:

• **A Mecânica Clássica permite estabelecer os seguintes princípios fundamentais:**

I - As forças são as grandezas físicas responsáveis pelas "variações" de velocidade de um corpo. Essas "variações" de velocidades são conhecidas como aceleração.

II - A interação de uma força de intensidade constante sobre um corpo, acarreta uma aceleração constante.

III - A segunda lei de Newton estabelece que a força aplicada sobre um corpo é igual ao produto entre sua massa pela aceleração adquirida.

IV - Galileu demonstrou que a velocidade de queda livre é igual para todos os corpos, independentemente de seu peso.

- **Tendo em mente os princípios acima mencionados, pode-se levantar as seguintes objeções lógicas:**

1º - Uma crítica subjetiva reforça o ponto de vista de Leandro de que a teoria Dinâmica de Newton sob o seu aspecto filosófico é ilógica e insatisfatória quando contrastada com o seu aspecto matemático. Na realidade não há uma perfeita harmonia ou concordância entre ambos os aspectos.

2º - A teoria Dinâmica de Newton é pouco consistente no seu tratamento cinemático. Não explica de forma coerente o movimento dos corpos em queda livre. É confusa e contrária à razão.

3º - O conceito matemático da Dinâmica é capaz de dar resultados quantitativamente corretos, mas as previsões da teoria matemática estão em conflito direto com a filosofia dinâmica. Isto se infere não apenas a partir das absurdas conseqüências que dela seguem, mas também ao incorrer em contradições.

4º - Um estudo cuidadoso da segunda lei de Newton mostra a ausência de uma compreensão mais sutil da realidade da natureza.

5º - Sob a perspectiva exclusivamente dinâmica, a segunda lei de Newton deixa muito a desejar sob o aspecto de sua teoria filosófica.

6º - A definição newtoniana do conceito de inércia sob alguns pontos é altamente medieval.

7º - Existem muitos aspectos fundamentais da Cinemática que não podem ser explicados satisfatoriamente em termos de segunda lei de Newton.

8º - Embora a teoria diga como a força se relaciona com a aceleração de um móvel, ela não informa como a força esta relacionada com a velocidade.

9º - Embora a teoria diga como a força está relacionada com as deformações, ela não explica como a força está relacionada com a força de impacto.

10º - A segunda lei de Newton assegura que a força que atua sobre um corpo aumenta com a massa. E isto é constatado por um dinamômetro ao avaliar o peso de um corpo. Entretanto, as experiências mostram que a variação de velocidade de queda livre dos corpos independem de sua massa.

11º - Embora a teoria afirme que a massa exerce uma oposição à alteração do movimento, ela não esclarece como essa força opositora aparece e qual a sua intensidade.

12º - A segunda lei de Newton supõe que a força que atua sobre um corpo em queda livre seja o seu peso. Porém, as experiências têm demonstrado que a velocidade de um corpo em queda livre independe de seu peso.

13º - Embora a teoria diga como a segunda lei está relacionada com o peso, ela não esclarece qual é a natureza da força que está relacionada com a queda livre dos corpos.

14º - As experiências mostram que uma força constante requer uma aceleração constante. Entretanto, a segunda lei de Newton não explica como corpos que apresentam diferentes intensidades de forças podem apresentar uma mesma aceleração em queda livre.

15º - Conforme a segunda lei de Newton, a força depende da massa do corpo. Então como entender que corpos de massas diferentes, soltos de uma mesma altura cheguem juntos ao solo.

16º - Se o próprio peso é um efeito da aceleração gravitacional sobre a massa, como entender pela segunda lei de Newton, que esse mesmo peso seja responsável pela aceleração dos corpos em queda livre.

17º - A teoria newtoniana sugere que o peso é a força responsável pela queda livre dos corpos. Entretanto, as experiências demonstram que o peso é uma força de contato em repouso.

18º - A segunda lei de Newton sugere que a força que atua num corpo em queda livre é o seu peso. Entretanto, as experiências demonstram que em queda livre o peso é nulo. Portanto o peso não é a força responsável pelo movimento dos corpos em queda livre.

19º - A segunda lei de Newton não explica a queda livre dos corpos. Ela simplesmente fornece o valor da aceleração que é uma característica intrínseca ao peso do corpo.

20º - A segunda lei de Newton sugere que a aceleração dos corpos em queda livre depende de seu peso. Entretanto, demonstra-se facilmente que a aceleração gravitacional não depende do peso ou da massa do corpo. Pois pela teoria da gravitação universal, a existência e a intensidade da aceleração gravitacional depende apenas da massa do planeta e da distância que separa o centro do planeta ao corpo em queda livre. Em outras palavras, a aceleração gravitacional não é causada pelo peso do corpo, mas sim pela intensidade do campo gravitacional do planeta.

21º - Conforme a segunda lei de Newton, a força envolvida num choque mecânico deveria ser igual para qualquer corpo que apresente a mesma massa e aceleração. Entretanto, a experiência tem demonstrado que corpos com mesma massa e aceleração podem apresentar forças de impacto totalmente diferentes, de modo que a segunda lei de Newton é totalmente incompatível com os fenômenos mecânicos do impacto.

22º - Pela segunda lei de Newton a força de um corpo em queda livre, calculada em qualquer instante, apresentará sempre a mesma intensidade, independentemente da velocidade. Entretanto, as experiências demonstram que num choque mecânico a força de impacto será tanto maior quanto maior for a velocidade adquirida pelo corpo.

23º - Segundo a teoria newtoniana, a força não está diretamente relacionada com a velocidade do móvel. Todavia, as experiências têm demonstrado que, quanto maior for a velocidade de um móvel, tanto maior será os efeitos observados por uma força que advém de tal movimento.

24º - Medidas mecânicas de impacto resultante dos corpos em queda livre evidenciam a ação de uma força mais intensa do que a força prevista pela segunda lei de Newton.

25º - Os corpos em queda livre ganham uma força cada vez maior no desenrolar do movimento. E isto é constatado no impacto do corpo contra uma superfície em repouso.

26º - Num choque mecânico a teoria newtoniana não informa como a força de impacto aparece no corpo.

27º - Num choque mecânico a força de impacto será tanto maior, quanto maior for a velocidade do corpo. Entretanto, a segunda lei de Newton não esclarece como a força de impacto está relacionada com a velocidade do corpo.

28º - A segunda lei de Newton não explica o aumento de força que aparece com o aumento da velocidade.

29º - De acordo com a segunda lei de Newton, não há força interagindo com a matéria quando não há aceleração. Entretanto, corpos em movimento retilíneo uniforme manifestam a existência de forças nas colisões.

30º - Mesmo em movimento inercial um corpo transporta uma força que será tanto maior quanto maior for a sua velocidade. Sendo que a Dinâmica de Newton não prevê a existência de tal força.

31º - Newton afirma que o aumento da massa de um corpo em queda livre acarreta uma diminuição na aceleração. Entretanto, o aumento da massa também acarreta um aumento na força de atração. Sendo que esta exata compensação mantém a aceleração constante.

Embora aparentemente, dentro da visão da Dinâmica, seja um bom argumento, deixa muito a desejar. Na verdade é muito difícil ver tantos erros em tão poucas palavras. Porém, nessa interpretação newtoniana, vários erros se infiltraram à socapa. E por isso mesmo levanta muito mais questões do que pode provar, além de conduzir a situações absurdas. Como afirma a lei de Murphy: *Todo erro na premissa aparece na conclusão.*

a - Mas se Newton falhou na lógica, muito mais ainda no conhecimento das sutilezas da Dinâmica.

b - O que se pode notar é que a interpretação newtoniana está apartada da razão e do bom senso.

c - É uma conjectura não prevista pela segunda lei de Newton ou pela matemática da Dinâmica Newtoniana.

d - Não é possível fazer com que os modelos matemáticos digam qualquer coisa de desejarmos.

e - Esquece que a aceleração do planeta independe da massa ou peso do corpo em queda livre.

f - A explicação newtoniana não tem sentido, tendo em vista que a aceleração da gravidade é produzida pelo planeta e não pelo corpo em queda livre.

g - A atração gravitacional influência o peso do corpo e não a aceleração.

h - A aceleração de um corpo em queda livre está em equilíbrio com a aceleração produzida pelo campo gravitacional do planeta.

i - Não leva em consideração que em queda livre o peso é nulo.

j - Não prevê a existência de uma força transportada por um corpo em movimento uniforme em linha reta para o infinito.

l - No "movimento livre" a modificação da massa altera a aceleração, mas não altera a força externa.

m - Em "queda livre" a modificação da massa altera a força externa, mas não altera a aceleração.

n - Não informa como a força está relacionada com a velocidade.

o - Não esclarece a origem ou intensidade da força, que aparece durante o movimento, constatada no momento do impacto.

p - Não esclarece a relação que deve existir entre uma aceleração constante e a necessidade da força ser constante.

q - Uma analise cuidadosa da explicação newtoniana permite verificar que, num campo gravitacional o aumento da massa de um corpo provoca o aumento da força de atração (força externa), por conseqüência a aceleração deveria aumentar, e isto não ocorre. Entretanto, pela inércia, sabe-se que o aumento da massa causa uma redução na aceleração, porém não ocorre nenhuma alteração na intensidade da força externa. Logo, a explicação newtoniana não esclarece a relação que deve existir entre a ação das forças e os movimentos dos corpos em queda livre.

r - Conforme as leis de Newton a força externa que atua num corpo em "movimento livre" é diferente da força externa que atua num corpo em "queda livre". No primeiro caso a força externa "não depende" da massa. Já no segundo caso ela "depende" da massa por se tratar de uma atração gravitacional. Por isso não é possível relacionar a explicação do primeiro caso com a do segundo.

s - A teoria Dinâmica de Newton não justifica satisfatoriamente os pormenores do movimento dos corpos.

t - Enfim, não explica as demais objeções consideradas nos itens anteriores.

32º - *É um erro capital teorizar antes de ter todas as evidências.* (Sherlock Holmes).

33º - O argumento newtoniano não convence. O que Newton mostrou, em essência, foi que sua visão era logicamente consistente dentro do círculo de seu próprio sistema. E mesmo isto não consegue explicar as demais objeções apresentadas na presente crítica.

34º - Todos esses problemas são intratáveis quando se insiste em se trabalhar exclusivamente dentro do âmbito das leis de Newton.

35º - Disso tudo se infere que a equação fundamental da Dinâmica não é suficiente para explicar todos os fenômenos da natureza.

36º - É lógico que o impacto é o resultado da ação de forças. Porém, tal força não é aquela prevista na segunda lei de Newton.

37º - Evidentemente a variação de velocidade é o resultado da ação de forças. Entretanto, tal força não é aquela expressa pela segunda lei de Newton.

38º - O movimento mantém-se ao infinito devido a ação de forças. Entretanto a referida força não é aquela prevista pela lei de Newton.

39º - Torna-se evidente que a previsão da segunda lei da Dinâmica newtoniana no seu aspecto causal é irreconciliável com o princípio da queda livre dos corpos, estabelecida experimentalmente por Galileu Galilei.

40º - A segunda lei de Newton tem sucesso na avaliação do movimento simplesmente porque nela está presente o conceito de aceleração. Sendo que este é um conceito "comum" tanto na avaliação do peso como na avaliação da velocidade de um corpo.

41º - A "performance" da teoria Dinâmica de Newton, em si mesma, é pouco consistente. As três leis de Newton, que reunidas formam o arcabouço da Dinâmica, conferem com os resultados quantitativos observados, mas o acordo é puramente acidental.

42º - A aplicação das idéias de Newton aos pormenores mais refinados dos fenômenos mecânicos fornece, em muitos dos casos, somente uma mera semelhança qualitativa com as experiências.

43º - Previsões quantitativas sem explicações causais consistentes deixam muito a desejar quanto a um conhecimento mais profunda sobre a natureza.

44º - A Dinâmica de Newton é um entendimento aplicável a apenas uma pequena parte da experiência do mundo natural.

45º - A teoria Dinâmica de Newton não apenas é deficiente, mas, em alguns aspectos, altamente ininteligível.

46º - Todo e qualquer modelo matemático possui utilidade restrita aos limites bem definidos das áreas para os quais foram estabelecidos.

47º - Além de tudo isso, todo e qualquer modelo têm, na física, um papel heurístico e provisório.

48º - Clara está a existência de severas limitações teóricas para a aplicabilidade do programa newtoniano.

49º - Pelo que se depreende, conclui-se que a teoria newtoniana é absurda em razão de algumas conseqüências às quais conduz.

50º - As objeções foram formuladas dentro de certos limites. Pois o que esta sendo questionado são as conclusões que foram extraídas da segunda lei de Newton em contraste com a primeira.

51º - Embora tenham sido apresentadas várias objeções à teoria de Newton, na verdade basta uma única observação contradizer a teoria para que a mesma seja abandonada ou modificada.

52º - *É muito melhor fazer pouco com certeza do que explicar todas as coisas por conjecturas, sem ter certeza de coisa alguma.* (Isaac Newton).

Por tudo que ficou dito pode-se inferir indubitavelmente que a Dinâmica de Newton se apresenta emaranhada de grandes dificuldades que não podem ser removidas pelos princípios matemáticos da teoria. Na verdade a teoria matemática da Dinâmica de Newton falha completamente na previsão e explicação dos pormenores mais sutil do movimento. E muitas são as objeções possíveis, e elas precisam ser respondidas.

É meu dever saber das coisas. Talvez eu me tenha treinado para ver aquilo que os outros olham superficialmente. (Sherlock Holmes).

Leandro Bertoldo
Fundamentos do Dinamismo

2. Princípios do Dinamismo

A física está assentada sob as bases da geometria.
Leandro Bertoldo

2.1. Introdução

As objeções apresentadas por Leandro são antes de tudo, o resultado de uma posição epistemológica "dinamistica causal", estreitamente vinculada a uma problemática interna à estrutura da Mecânica Clássica. Elas chegam a ponto de pôr em questão os próprios fundamentos da Física, e implicam num corajoso convite a um reexame crítico e objetivo dos princípios da Dinâmica Newtoniana, para que não venham a servir de dogmas ou preceitos.

Observando que tais objeções são verdadeiramente de natureza essencial à compreensão da Mecânica, tornou-se evidente que a Dinâmica exige revisões de pontos de vistas consagrados. Portanto, a busca de uma nova teoria que explique tais objeções através de um modelo mecânico racional, mais simples e mais geral era de enorme necessidade para a ciência, e tinha que ser encontrada de qualquer maneira.

Não sendo apenas um estudante questionador, Leandro lançou-se diretamente em sua própria análise do movimento, baseando-se numa nova concepção de força. Passou a consumir suas poucas horas vagas, empregando grandes esforços intelectuais, no desenvolvimento de uma teoria totalmente livre dessas e de muitas outras objeções.

Então começou a propor uma solução alternativa. Ele adotou a idéia original de que uma força induzida no móvel era a causa de sua velocidade e também a causa que o mantém em movimento. Desse modo investigando a um nível que jaz na mais profunda sutileza da realidade física, foi possível interpretar a filosofia da dinâmica do movimento dos corpos como uma filosofia do dinamismo.

O esforço desprendido foi muito bem recompensado, pois em 1978 Leandro situou-se no patamar de um novo avanço na filosofia mecânica, que teria um grande impacto em seu desenvolvimento futuro. Nessa época contornou as dificuldades da Mecânica Clássica e concebeu a Teoria do Dinamismo, que fala mais claramente e bem mais alto do que a Dinâmica de Newton.

Essa nova teoria científica apresenta uma nova abordagem da força, na qual os corpos são tratados como elementos ativos das forças e não somente como objetos passivos das ações das forças externas. Vários anos de profunda meditação e de muita perseverança faria emergir completamente toda a Teoria do Dinamismo dessa descoberta inicial.

E por ser inteiramente deduzida de uma refutação de suposição contraria, a teoria proposta por Leandro evidenciou-se, a princípio, por inferência. E após foi totalmente comprovada por experimentos que chegaram a conclusões clara, precisas e objetivas.

2.2. Conceitos básicos

Até um elevado grau de precisão quantitativa, a obra de Newton encontra-se inteiramente imersa em "algo" bem mais vasto e profundo. E, sob a perspectiva da Física Clássica, foi superada somente pela Teoria do Dinamismo. A base da denominada Teoria do Dinamismo está fundamentada num conjunto de princípios estruturados em função da dedução dos efeitos a partir das causas. Eles se aplicam a todos os tipos de movimentos, qualquer que seja a natureza das interações, seja elas mecânicas, gravitacionais, eletromagnéticas ou nucleares.

Para a análise e previsão da natureza dos movimentos que resultam de diferentes espécies de interações, alguns conceitos básicos foram criados e desenvolvidos no Dinamismo, como por exemplo: *indução, interação, força externa, impulso etc.*

Se tais conceitos forem conhecidos e absorvidos e, se puder ser expresso de modo operacional, então se torna possível o estabelecimento de regras que venham a possibilitar a previsão dos movimentos resultantes.

Dentro do modelo do Dinamismo os conceitos acima indicados são tão fundamentais que não é possível analisar um fenômeno de Mecânica sem expressá-lo em termos de tais conceitos.

Deve ser enfatizado o conceito de inter-relacionamento das leis e princípios do Dinamismo. Para essa nova teoria, as leis e os princípios apresentados não são meras descrições isoladas de alguns fenômenos, mas sim, um sistema todo harmônico e consistente, centralizado no conceito de forças que guardam uma certa relação entre si.

O Dinamismo, não é somente um modelo científico que representa a generalização da Cinemática e Dinâmica num conceito todo único, preciso e altamente consistente, mas também é a teoria que representa a *indução, interação, força externa, impulso etc.*, com isso fica claro que a Física sofreu um processo de inovação.

Evidentemente, sendo uma das áreas inovadoras e fundamentais da Mecânica, o Dinamismo deve ser amplamente compreendido antes de se considerar qualquer caso específico de interações.

2.3. Princípios da Teoria do Dinamismo

O impulso decisivo que iniciou e conduziu a transformação do Dinamismo em uma teoria científica dentro do rigor do método cientifico racional, tal como é conhecida atualmente, foi dado por Leandro Bertoldo que se dedicou ao estudo do movimento e reuniu suas conclusões em vários livros. Eles sintetizam num todo único a Cinemática de Galileu e a Dinâmica de Newton, apresentando uma grande exposição e completa sistematização da Mecânica Clássica. Neles, Leandro estabeleceu que:

1º - *Para que um móvel permaneça em movimento é necessário que ele esteja sob a ação de "forças induzidas".*

2º - *Para que um móvel permaneça em movimento "não" é necessário que ele esteja sob a ação de "forças externas".*

3º - *O movimento uniforme se caracteriza pela ação de uma "força induzida" constante, conservada e transportada pelo móvel.*

4º - *Extraindo-se a "força induzida" pela ação de uma "força externa", o movimento cessa e o corpo entra em repouso.*

5º - *O movimento uniformemente variado se caracteriza pela ocorrência de incrementos iguais de "força induzida" em intervalos de tempos iguais.*

6º - *No movimento uniformemente variado a relação entre a força induzida pela variação de tempo define o "impulso".*

7º - *O movimento uniformemente variado é caracterizado pela ação de um "impulso" constante que atua no móvel.*

8º - *O "movimento uniformemente variado" passa para o estado de "movimento uniforme" quando o "impulso" cessa.*

9º - *Se o "impulso" for nulo, o corpo está em repouso ou em movimento uniforme em linha reta ao infinito.*

10º - *O "impulso" que a gravidade comunica a um móvel em queda livre não depende de sua massa.*

11º - *Todo corpo pode sofrer modificação do seu estado de repouso ou de movimento pela ação de "forças externas" aplicadas sobre ele.*

12º - **Princípio da inércia:** *Todo corpo persiste em seu estado de repouso pela ausência de "forças induzidas".*

13º - **Princípio do movimento uniforme:** *Todo corpo persiste em seu estado de movimento retilíneo uniforme quando está sob a ação de "forças induzidas" constantes.*

14º - **Princípio do movimento variado:** *Todo corpo persiste em seu estado de movimento variado quando sofre a ação de "forças induzidas" variáveis.*

15º - **Princípio do movimento uniformemente variado:** *Todo corpo persiste em seu estado de movimento uniformemente variado quando está sob a ação de "forças induzidas" que variam uniformemente no decorrer do tempo.*

Este conjunto de conclusões caracteriza uma abordagem extremamente rigorosa da Teoria do Dinamismo, a qual está fundamentada no estudo da descrição do movimento dos corpos em função do ponto de vista de suas causas intrínsecas.

2.4. Observações Gerais

Nesta nossa época contemporânea de mentalidade predominantemente científica, o mundo acadêmico exige de forma obrigatória e com justa razão, que toda e qualquer teoria seja apoiada em fatos. Por esta razão a justificativa razoável para a aceitação dos postulados apresentados por Leandro, somente pode ser encontrada na exata concordância das previsões teóricas com os resultados experimentais.

É evidente que *o método melhor e mais seguro de filosofar parece-me consistir, primeiro, em investigar diligentemente as propriedades das coisas e estabelecer essas propriedades através de experimentos, e então proceder com mais vagar às hipóteses para a explicação delas.* (Isaac Newton).

Do ponto de vista clássico, pode-se acrescentar que o conceito de força induzida num móvel é uma marca distintiva do movimento verdadeiro. De tal maneira que essa força permite caracterizar uma definição satisfatória dos movimentos absolutos. Com isso pode-se estabelecer uma correlação entre a noção de força induzida com a noção de sistema inercial, o que vem a descartar a necessidade do conceito de um espaço absoluto.

Ao supor que a única força que atua sobre um corpo em queda livre seja seu próprio peso; e que esta força, pela segunda lei de Newton, seja a responsável pelo seu deslocamento. Então, tem que se admitir o que os filósofos aristotélicos inferiram da Física de Aristóteles, de que os corpos em queda livre adquirem movimento tanto maior quanto maior for o peso do corpo que se desloca. Entretanto, tal conclusão contraria gravemente o princípio experimental de Galileu Galilei.

Leandro Bertoldo
Fundamentos do Dinamismo

Galileu constatou por experiências que todos os corpos, independentemente de seu peso, soltos de uma mesma altura, atingem o solo no mesmo instante.

E como as experiências demonstram que uma força constante produz uma aceleração constante, torna-se evidente que a segunda lei de Newton não serve para explicar teoricamente a dinâmica do movimento dos corpos em queda livre.

O conceito quantitativo da segunda lei de Newton permite calcular a variação de velocidade de um corpo e o seu peso, pelo simples fato de que a aceleração é uma grandeza física "comum" que pertence a ambos os fenômenos.

Por isso, a proposta da Teoria do Dinamismo por ser muito engenhosa, revela que todos os corpos, independentemente de seu peso ou massa, ao entrarem em queda livre, são submetidos à ação de uma intensidade de *impulso gravitacional constante*. Sendo que tal força comunica igualmente a todos os corpos, independentemente de seus pesos ou massas, uma *força induzida*.

É muito interessante observar que somente um "impulso constante" produz uma "aceleração constante". Como a aceleração da gravidade é constante, torna-se evidente que tal impulso, sob o ponto de vista do Dinamismo, é a grandeza física responsável pelo movimento dos corpos em queda livre e, também responsável pelo peso que o corpo apresenta.

Também é muito interessante observar que o impulso independe da massa ou peso do corpo. Isto está de acordo com as experiências realizadas. Pois corpos em queda livre apresentam uma aceleração constante, independentemente do peso ou massa que venham a possuir e, portanto, estão submetidos a uma intensidade de impulso constante.

Todos os problemas se tornam infantis, depois de explicados. (Sherlock Holmes). Afinal de contas, *quem porfia mata a caça*. (Provérbio popular).

3. Origens e Fundamentos do Dinamismo

O que você faz no mundo é uma coisa sem importância.
A questão é, o que você pode fazer para que as pessoas acreditem naquilo que faz.
Sherlock Holmes.

3.1. História do Dinamismo

Desde os seus primórdios a humanidade tem manifestado grande interesse em conhecer antecipadamente os fatos que se dariam no futuro. E inúmeros têm sido os métodos que o homem tem empregado para prever o seu futuro, desde a magia até a ciência. Sendo que esta última alcançou grande sucesso, devido a sua extraordinária exatidão.

Nestas condições o Dinamismo presta-se a esse papel, pois não visa apenas o estudo das características dos movimentos ou de suas causas. E embora, a princípio, todo o trabalho no terreno do Dinamismo tenha nascido do desejo de explicar as causas dos movimentos, seu principal objetivo é o de prever a ocorrência de muitos fenômenos mecânicos em função de suas causas, e dessa maneira prever qualquer movimento futuro que ocorra no Universo.

Desse modo o Dinamismo é uma teoria científica capaz de fazer predições. O poder para predizer, juntamente com o uso de expressões matemáticas é uma das colunas fundamentais que eleva o Dinamismo à categoria de disciplina da Física. Portanto o Dinamismo representa um aspecto muito importante na Física moderna e pode ser tomado como sendo a própria ciência da Mecânica.

O ano de 1978 dá início do *annus mirabilis* para Leandro. Esse ano representa o marco que estabelece o momento crucial da maturação intelectual do jovem cientista. Desse ano vem a primeira intuição dos conceitos de forças induzidas. Esse ano representa o ponto de partida para uma nova abordagem das ciências exatas com a criação da Teoria do Dinamismo. Inicialmente demonstrando que a velocidade de um móvel estava relacionada exclusivamente ao conceito de força induzida. Sendo que esse conceito partia da necessidade de elaborar um modelo que explicasse a estrutura do movimento.

Na verdade a base dessa nova orientação estava fundamentada na crescente necessidade do autor para compreender a teoria matemática e a filosofia da mecânica como um todo lógico, consistente e harmonioso. Coisa que a Mecânica Clássica não fornecia. Além do mais, as descobertas de Newton são casos especiais de uma teoria mais genérica. Para Leandro, o alvo supremo consistia em encontrar a mais simples e harmoniosa explicação do movimento em função de suas causas. Procurava uma generalização que poderia até mesmo permitir a dedução dos efeitos relativísticos e quânticos.

Rejeitando todas as explicações tradicionais sobre a "natureza" e "propriedade" das forças - tanto da Dinâmica Newtoniana quanto da Mecânica Clássica - Leandro trabalhou sem a ajuda de ninguém e, rapidamente alcançou e ultrapassou o apogeu avançado da Mecânica Clássica, descobrindo o Dinamismo. Nessa época sua atenção não se concentrou na natureza material do corpo, mas sim na maneira como a força induzida provocava o aparecimento da velocidade.

Como afirma a lei de Murphy: *Dentro de todo grande problema há um pequeno problema lutando para crescer.* Assim, as dificuldades para concluir as demonstrações do Dinamismo surgiram quando, ao considerar o conceito de massa e sua influência no movimento, foi forçoso admitir a existência de outras forças. E que estas forças estariam intimamente relacionadas entre si. Isto avultou como um problema fundamental a ser resolvido a qualquer custo. Como não conseguiu de imediato a solução, ele deixou de lado qualquer posterior reflexão sobre o problema.

Desde o princípio o caminho para o Dinamismo foi aberto unicamente pelo cientista-físico brasileiro Leandro Bertoldo, que elaborou sua teoria na qual admitira postulados que nada tinham a ver com a mecânica newtoniana, mesmo assim sem contradizê-la em seus aspectos fundamentais.

Na realidade esses postulados ultrapassavam as regras newtonianas e recordavam as idéias dos aristotélicos, segundo as quais movimento era a um só tempo "potência e ato", força e movimento. Estes filósofos imaginavam que para se manter um objeto em movimento era necessário a ação de uma força externa atuando constantemente sobre ele e, que retirando a ação dessa força o movimento cessava. Entretanto essas idéias não passavam de concepções intuitivas que não chegavam a satisfazer as exigências do rigor científico.

Durante algum tempo, na Teoria do Dinamismo de Leandro permaneceu aberta e obscura a questão de como relacionar a força induzida com a massa do corpo. Esta se tornara um empecilho no desenvolvimento lógico e harmônico da teoria. Sua primeira intuição não conseguiu lograr o intento de uma demonstração completa, para o que teria sido necessário resolver muitos outros problemas matemáticos e dinâmicos.

Leandro remanejou muitas vezes os conteúdos de sua teoria original, refez suas definições e suas hipóteses. As conclusões finais foram o resultado de um paciente e cansativo processo de autocrítica que o conduziu *Ad augusta per angusta*. [4] O amadurecimento de suas reflexões sobre os princípios do Dinamismo pode ser reconstituído por meio de seus cadernos, anotações e de vários escritos sobre as mais diferentes áreas da Física.

Por fim em 1.995 o cientista voltou a abordar os problemas da teoria segundo um prisma complemente novo. Essa questão o absorveu completamente e não foi abandonada enquanto não foi totalmente subjugada. Ao retornar às investigações incompletas de 1.978, Leandro começou a elaborar todas as implicações de sua descoberta central. E essa nova abordagem progrediu com grande celeridade terminando por ser coroada de sucesso, mesmo porque *Labor omnia vincit improbus.* [5]

Finalmente, as conseqüências completas de uma idéia que foi apenas parcialmente captada em sua essência dezessete anos antes puderam brotar, desenvolver-se e desabrochar diante de seus olhos. E à medida que foi esclarecendo a teoria, ele também lhe aprimorou a base matemática, levando-a à uma forma rigorosamente exata e capaz de refutar as "explicações" newtonianas. Conforme o desenvolvimento que deu à sua teoria, expôs de forma clara a solução fundamental do Dinamismo em termos estritamente quantitativos e qualitativos. Neles, todos os fenômenos são facilmente explicado e suas leis estão tão interligados que nada pode ser modificado sem alterar toda a organização e estrutura do conjunto.

A conclusão surpreendente observada por Leandro foi sintetizada da seguinte forma: *"força externa" ao ser aplicada sobre um corpo, interage com a inércia e emerge numa resultante chamada "impulso". Esta por sua vez induz ao móvel no decorrer do tempo a já mencionada "força induzida".* Esse fato foi verificado por Leandro com acuradas e repetidas demonstrações e avaliações. Foi essa a sua "demonstração crucial".

A essa síntese ele deu o nome de "Dinamismo". Sendo que o núcleo central em torno do qual gravitam todas as suas conclusões provem de quatro leis fundamentais do Dinamismo.

Leandro viveu então o seu momento encantado. Tendo adotado o conceito de crucial de "impulso", o resto de seu Dinamismo encaixou-se sem maiores delongas. Sem esse conceito, então satisfatoriamente definido pela primeira vez, o Dinamismo teria ficado incompleto. Na verdade um exigia a existência do outro.

O Dinamismo final de Leandro procura evitar qualquer forma de dogmatismo metafísico e de materialismo. A teoria desenvolve-se por via indutiva, se concentrando na interação de alguns tipos básicos de forças, a saber: **a)** *força externa*; **b)** *impulso* e **c)** *força induzida*. Com exceção do conceito de força externa as demais forças não possuem o caráter newtoniano. Sendo que a Teoria do Dinamismo procura apresentar uma compreensão racional e unificada da natureza do movimento. Desse modo o modelo do Dinamismo apresenta um fundamento filosófico, ou seja, é constituindo por um conjunto de princípios produzidos e sistematizados pela razão num todo consistente e lógico.

    Os resultados obtidos ajustam-se perfeitamente aos da Mecânica Clássica. Na realidade trata-se de duas formulações teóricas distintas das mesmas estruturas, muito embora o modelo do Dinamismo ofereça uma generalização bem maior do que aquela oferecida pelo modelo Dinâmica Newtoniana. Dessa maneira tornando-se o paradigma de um novo saber.

    É verdade que Leandro derivou indutivamente das experiências apresentadas pela Física Clássica os conceitos utilizados para reinterpretá-la sob a perspectiva do Dinamismo. Assim como qualquer teoria científica racional, o Dinamismo tem empregado o método experimental, que tem sido revolucionado pela aplicação da matemática à interpretação dos dados.

    As pesquisas do Dinamismo sempre foram orientadas no sentido da formulação de uma única teoria que englobasse e explicasse a relação existente entre as forças e os movimentos resultantes, de tal forma que sua matemática fosse consistente com sua filosofia e tivesse ressonância nas experiências.

    O presente trabalho foi escrito de forma bem simples para que qualquer pessoa possa compreendê-lo. Ele representa uma exposição sucinta de uma teoria já elaborada. Nela, Leandro argumentou que os princípios da Mecânica Newtoniana são incompletos para explicar todos os fenômenos de forma coerente. Foi demonstrou de forma bem clara que a segunda lei de Newton, regente da Dinâmica, é totalmente insuficiente.

3.2. Leis Fundamentais

    O advento do Dinamismo transmitiu um novo impulso à Física e forneceu uma maior compreensão das leis fundamentais que regem todos os fenômenos físicos. Essa teoria veio para desencadear um novo paradigma no pensamento científico.

    Como já foi dito antes, o núcleo central da teoria são as quatro leis fundamentais que caracterizam o Dinamismo. Elas são as colunas mestras sobre as quais estão assentados os fundamentos matemáticos e filosóficos do Dinamismo. Formulando essas leis, Leandro estruturou todo o conhecimento científico da natureza e abalou os alicerces que fundamentavam a concepção da Mecânica Newtoniana. Destruiu a idéia de que não existe nenhuma força num móvel que se desloca ao infinito. Em lugar de conceber a inércia como repouso e movimento uniforme, dividiu a primeira lei de Newton em duas partes totalmente distintas, a saber: o *princípio da inércia* e o *princípio do movimento uniforme*. Mostrou que a inércia é uma força inerente aos corpos, a qual exerce uma oposição à mudança do seu estado de repouso ou de movimento. Mostrou quantitativamente que a força é o princípio causal de todas as formas de movimento, bem como do repouso.

Essas leis apresentam uma causalidade geral sob a qual se pode reduzir todo gênero de movimentos físicos regulados pelas forças. Estas forças são produto de quatro tipos básico de interação, que será apresentada a seguir, pois não tenho por hábito matar a cobra e mostrar o pau, mas sim, matar a cobra e mostrá-la:

• **Primeira Lei:** *Força Externa: É igual ao produto entre a massa do corpo pela aceleração que apresenta.*

Essas forças são aquelas aplicadas externamente sobre os corpos. Sua origem pode ser mecânica, elétrica, magnética, gravitacional, etc. São forças produzidas por fontes externas ao corpo e que por qualquer processo externo interage com esse corpo. Essa força consiste somente na ação, e não permanece no móvel depois que a ação é concluída.

• **Segunda Lei:** *Impulso: É igual ao produto existente entre uma constante universal chamada por "estimulo" pelo valor da aceleração que o móvel apresenta.*

São as forças resultantes da força externa, após esta vencer a resistência oferecida pela inércia. Essas forças são responsáveis pela aceleração do móvel, bem como pela força induzida. O sentido do impulso é o mesmo da força externa aplicada ao corpo.

- **Terceira Lei:** *Força Induzida*: Essa força é igual ao produto entre o impulso pela variação de tempo que atua no móvel.

É a força que resulta da ação do impulso que atua sobre o móvel no decorrer do tempo. Ela provoca o aparecimento da força induzida que permanece armazenada no móvel, mesmo depois de cessada a ação do impulso. São responsáveis pelas velocidades que os corpos adquirem. E em parte responsáveis pelo grau de violência de um eventual impacto. E somente por causa da força induzida, qualquer móvel segue uniformemente em linha reta para o infinito, a menos que uma força externa venha alterar essa situação.

Leandro tornou-se o criador da *Física neoclássica*, quando enunciou as quatro leis fundamentais do Dinamismo. Elas conseguem generalizar completamente a Mecânica Clássica moldando a Cinemática e a Dinâmica num conceito geral e único denominado por Dinamismo. Juntas, essas leis representam o âmago da contribuição de Leandro para o Dinamismo. Na base dessas leis, propôs-se a deduzir todos os demais fenômenos mecânicos. E sua obra apresenta abundantes demonstrações e exemplos disso. Sendo que os princípios estabelecidos no Dinamismo trazem uma luz maior sobre os princípios da Dinâmica de Newton.

4. Síntese da Teoria do Dinamismo

Para uma mente ampla, nada é pequeno.
Sherlock Holmes

4.1. Introdução

Nas três leis anteriormente enunciadas reside a criação de um modelo quantitativo do Dinamismo, que coroa e complementa a Mecânica Newtoniana e a filosofia de Aristóteles. Elas permitem unificar os resultados experimentais de uma ampla área da ciência, e ao mesmo tempo permitem prever novos resultados.

Esse Dinamismo quantitativo leva a uma generalização mais abrangente do que qualquer outra teoria até então proclamada pela Mecânica Clássica. Observe a síntese e as conclusões da Teoria do Dinamismo:

4.2. Definições e Conseqüências

1º - A Teoria do Dinamismo foi descoberta em 1.978 por Leandro Bertoldo. Ela é a parte da Mecânica que descreve as forças preocupando-se com seus efeitos cinemáticos.

2º - As forças são avaliadas unicamente em função dos efeitos que provocam. Tais como, deformações, alterações do estado de repouso ou de movimento do corpo.

3º - O Dinamismo está fundamentado no conceito de algumas forças, a saber: força externa, impulso e força induzida.

4º - A força externa é a ação de uma força exterior aplicada sobre um corpo.

5º - O impulso resulta da interação entre a força externa com a oposição oferecida pela inércia.

6º - A força induzida é comunicada ao móvel no decorrer do tempo pela interação do impulso.

7º - A força externa ao ser aplicada sobre um corpo, interage com a resistência oferecida pela inércia e manifesta-se numa resultante chamado impulso. Esta por sua vez induz ao móvel no decorrer do tempo uma força induzida.

8º - O impulso está relacionado com a aceleração de um corpo e a força induzida está relacionada com a velocidade desse corpo.

I - Conseqüências da Primeira Lei do Dinamismo

9º - *A força externa é igual ao produto entre a massa do corpo pela aceleração que apresenta.*

10º - Uma força externa constante resulta num impulso constante.

11º - A interação de uma força externa de intensidade constante sobre um corpo, acarreta uma aceleração constante.

12º - Qualquer móvel sob a ação de uma força externa constante, apresenta movimento uniformemente variado.

13º - Se nenhuma força externa atua sobre um móvel, suo impulso é nula.

14º - Se a força externa for nula, o corpo está em repouso ou em movimento uniforme em linha reta ao infinito.

15º - Todo corpo mantém o seu estado de repouso ou de movimento retilíneo uniforme, a menos que sofra a ação de uma força externa.

16º - Todo corpo pode sofrer modificação do seu estado de repouso ou de movimento pela ação de forças externas aplicadas sobre ele.

17º - Se o móvel sofre a ação de uma força externa variável, suo impulso varia na mesma proporção.

18º - Uma força externa variável aplicada continuamente sobre um corpo, está constantemente tirando o móvel do seu estado de repouso.

19º - Sob a ação de forças externas, o móvel sofre indução ou extração de forças induzidas.

20º - Para iniciar qualquer movimento é necessária a ação de uma força externa aplicada sobre o corpo.

21º - Para que um móvel permaneça em movimento não é necessário que ele esteja sob a ação de forças externas.

22º - Se nenhuma força externa atua sobre um móvel, a força induzida permanece constante e conservada no móvel.

23º - Se nenhuma força externa atua sobre um móvel, sua velocidade permanece constante.

24º - Se a força externa de um móvel for nula, seu movimento será uniforme.

25º - Independentemente da ação de forças externas, qualquer corpo permanece em movimento enquanto estiver sob a ação de forças induzidas.

26º - Extraindo-se a força induzida pela ação de uma força externa, o movimento cessa e o corpo entra em repouso.

II - Conseqüências da Segunda Lei do Dinamismo

27º - *O impulso é igual ao produto entre uma constante chamada estimulo pelo valor da aceleração que o móvel apresenta.*

28º - Toda vez que um corpo é submetido à ação de uma força externa, ele fica sujeito a um impulso.

29º - O impulso desaparece quando cessa a ação da força externa.

30º - O impulso apresenta a mesma direção e sentido da força externa.

31º - O impulso é igual ao produto entre o estímulo pela força externa, inversa pela massa do corpo.

32º - Toda vez que um corpo está sob a interação de um impulso, ele apresenta uma aceleração.

33º - Impulso e aceleração são duas grandezas que estão na mesma direção e sentido.

34º - Quando o impulso deixa de interagir, a aceleração cessa.

35º - Um impulso constante causa uma aceleração constante na direção e sentido da força.

36º - O impulso é constante quando o móvel recebe forças induzidas iguais em intervalos de tempos iguais.

37º - Sob a ação de mo impulso constante, a força induzida é armazenada e se acumula de forma contínua e uniforme.

38º - Movimento cujo impulso permanece constante é uniformemente variado.

39º - Um móvel em interação com impulso constante, apresenta uma velocidade que varia uniformemente no decorrer do tempo.

40º - Na presença de um impulso constante, a força induzida varia uniformemente no decorrer do tempo.

41º - O impulso pode ser positiva, negativa ou nula, segundo o seja a variação da força induzida.

42º - Um impulso variável provoca uma aceleração variável.

43º - Independentemente da interação do impulso, todo corpo permanece em movimento enquanto estiver sob a ação de forças induzidas.

44º - Para que um móvel permaneça em movimento não é necessário que ele sofra continuamente interações de impulsos.

45º - Na ausência de forças impulsos, a força induzida mantém indefinidamente o movimento retilíneo e uniforme.

46º - Movimento cujo impulso é nulo é chamado por movimento uniforme.

47º - O movimento uniformemente variado passa para o estado de movimento uniforme quanto o impulso cessa sua interação.

48º - Se nenhum impulso interage num corpo, sua força induzida é nula ou constante.

49º - Se o impulso for nulo, o corpo está em repouso ou em movimento uniforme em linha reta ao infinito.

50º - No movimento uniforme o impulso consiste apenas na interação inicial e não permanece no móvel depois de cessada.

51º - No movimento uniforme o impulso é nulo e a força induzida é constante com o tempo.

III - Conseqüências da Terceira Lei do Dinamismo

52º - *A força induzida é igual ao produto entre o impulso pela variação de tempo que atua no móvel.*

53º - Sob a interação de mo impulso, a força induzida é produzida, armazenada e conservada no móvel.

54º - Todo corpo em movimento transporta uma força intrínseca denominada por força induzida.

55º - A força induzida é intrínseca ao movimento do corpo.

56º - A força induzida é uma grandeza vetorial de mesma direção e sentido da força externa.

57º - A direção e o sentido da força induzida é o mesmo do impulso que a produz.

58º - Um corpo pode sofrer indução ou extração de força induzida.

59º - Para alterar o estado da força induzida de um móvel é necessária a ação de uma força externa.

60º - Somente a ação de uma força externa pode modificar a força induzida e, por conseqüência, a velocidade do móvel.

61º - Se a ação oposta da força externa extrair totalmente a força induzida, o móvel entrará em repouso.

62º - As forças induzidas são as grandezas físicas responsáveis pelas velocidades dos corpos.

63º - A quantidade de força induzida no móvel caracteriza a intensidade da velocidade.

64º - A velocidade que um móvel adquire em um determinado instante, fica perfeitamente determinada pela força induzida que lhe origina.

65º - A variação de força induzida é igual ao produto entre o estímulo pela variação da velocidade.

66º - A força induzida é igual ao produto entre o estímulo pela velocidade.

67º - Se a força induzida for nula, a velocidade será nula.

68º - Uma força induzida constante acarreta uma velocidade constante na direção e sentido da força.

69º - Uma força induzida variável provoca uma velocidade variável.

70º - A força induzida e a velocidade são duas grandezas vetoriais que estão na mesma direção e sentido.

71º - Para que um móvel permaneça em movimento é necessário que ele esteja sob a interação de forças induzidas.

72º - Independentemente da ação de forças externas, qualquer corpo permanece em movimento enquanto permanecer sob a interação de forças induzidas.

73º - Em qualquer movimento o móvel adquire velocidades iguais em módulos de forças induzidas iguais.

74º - Um corpo isolado está induzido por uma força ou não.

75º - Na ausência de força induzida o corpo persevera em seu estado de repouso.

76º - Se a força induzida num corpo for diferente de zero, então esse corpo está e movimento.

77º - Quando o impulso cessa sua interação, a força induzida passa a ser constante.

78º - A força induzida de um móvel isolado permanece constante no decorrer do tempo.

79º - Se um móvel não encontrar oposição ao seu estado de movimento uniforme, a força induzida permanece conservada e constante nesse móvel.

80º - Se a força induzida transportada pelo móvel for constante, a velocidade será constante.

81º - Sob a interação de uma força induzida constante, o móvel percorre distâncias iguais em intervalos de tempos iguais.

82º - Movimento cuja força induzida permanece constante no decorrer do tempo é chamado por movimento retilíneo uniforme.

83º - Quando a força externa deixa de ser aplicada, o impulso deixa de interagir e o móvel entra no estado de movimento uniforme em linha reta ao infinito.

Leandro Bertoldo
Fundamentos do Dinamismo

84º - Mesmo em movimento uniforme, o móvel transporta uma força que é tanto maior quanto maior for sua velocidade.

85º - No movimento uniforme a força induzida instantânea é igual à força induzida média.

86º - A força induzida mantém o movimento ao infinito enquanto permanecer armazenada no móvel.

87º - A conservação de uma força induzida de intensidade constante é a causa que faz com que o móvel permaneça em seu estado de movimento uniforme em linha reta ao infinito.

88º - A velocidade do móvel em movimento uniforme em linha reta ao infinito é constante porque a força induzida permanece conservada de forma constante.

89º - Tão somente por sua força induzida o móvel persevera em seu estado de movimento uniforme em linha reta para o infinito.

90º - Qualquer corpo em movimento retilíneo uniforme transporta uma força induzida que permanece invariável, a menos que seja forçado a modificar tal situação pela ação de forças externas.

91º - A força induzida permanece armazenada no móvel, o que se comprova pela violência de um eventual choque mecânico contra uma superfície.

92º - Um impulso constante provoca o aparecimento de uma força induzida que varia uniformemente no decorrer do tempo.

93º - Se a força induzida transportada pelo móvel varia de forma uniforme, então sua velocidade varia de forma uniforme.

94º - Movimento cuja força induzida varia uniformemente no decorrer do tempo é denominado por movimento uniformemente variado.

95º - O movimento uniformemente variado é caracterizado pela ocorrência de incrementos iguais de velocidades em intensidades de forças induzidas iguais.

96º - Um móvel em movimento uniformemente variado apresenta forças induzidas iguais em intervalos de tempos iguais.

97º - Se a força induzida de um móvel for variável, seu movimento será variável.

IV - Definição e Conseqüências de Peso em Dinamismo

98º - *A força peso é igual ao produto entre a massa do corpo pelo impulso gravitacional.*

99º - Quando um corpo está imerso num campo gravitacional e em repouso, apareceu uma força chamada peso.

100º - O peso é uma força estática que aparece somente quando o corpo está em repouso e sob a interação de mo impulso gravitacional.

101º - A força externa de atração gravitacional é a causa do peso dos corpos.

102º - Um corpo em repouso imerso num campo gravitacional está sujeito a uma força externa, a uma inércia e a um impulso. Porém não apresenta força induzida.

103º - A força peso será tanto maior quanto maior for a massa do corpo e tanto maior quanto maior for a intensidade do impulso gravitacional que interage no corpo.

104º - O peso é uma força de contato em repouso.

105º - Qualquer corpo em queda livre apresenta peso nulo.

V - Definições de Conceitos Gravitacionais em Dinamismo

106º - A gravidade é um fenômeno físico que se manifesta sob a forma de uma força atrativa.

107º - A força externa resultante da gravidade é denominada por força externa gravitacional.

108º - O impulso oriundo da gravidade é denominado por impulso gravitacional.

109º - A força externa gravitacional é a força com que os corpos são atraídos em direção ao centro do planeta.

110º - O impulso gravitacional é a força que a gravidade comunica aos corpos, atraindo-os em direção ao centro gravitacional.

VI - Leis e Conseqüências Gravitacionais em Dinamismo

111º - *A força externa gravitacional é diretamente proporcional ao produto entre a massa do corpo pela massa do planeta e inversamente proporcional ao quadrado da distância que separa o centro de ambas massas.*

112º - *O impulso gravitacional, num ponto do planeta, e diretamente proporcional à massa desse planeta e inversamente proporcional ao quadrado da distância que separa esse ponto do centro do planeta.*

113º - O impulso que a interação gravitacional comunica a um corpo não depende de sua natureza, massa ou peso.

114º - O impulso gravitacional é produzido pelo campo gravitacional do planeta e não pelos corpos.

115º - O impulso gravitacional depende apenas da massa do planeta e da distância do centro desse planeta ao centro do corpo considerado.

116º - O impulso gravitacional é igual para todos corpos, quer esteja em repouso, quer esteja em movimento.

117º - O impulso gravitacional produzida pelo campo do planeta é equivalente ao impulso que os corpos adquirem ao interagirem nesse campo gravitacional.

118º - A aceleração da gravidade produzida pelo campo gravitacional de um planeta é equivalente à aceleração que os corpos apresentam nesse planeta.

119º - O impulso gravitacional é sempre positivo

120º - O sentido do impulso gravitacional é o mesmo para todos os corpos e dirigida verticalmente para o centro do campo gravitacional do planeta.

121º - O impulso gravitacional é constante próximo à superfície da Terra e, independe da massa ou peso dos corpos.

122º - Próximo à superfície da Terra o impulso gravitacional varia com a altitude e latitude do lugar.

VI - Queda Livre no Dinamismo

123º - Em queda livre o impulso gravitacional caracteriza a aceleração da gravidade.

124º - Todos os corpos em queda livre, independentemente de seu peso ou massa, são submetidos à ação da mesma intensidade de impulso gravitacional.

125º - O impulso de um corpo em queda livre está em equilíbrio com o impulso gravitacional do planeta.

126º - Se o impulso gravitacional é constante, decorre que o movimento de um corpo em queda livre é uniformemente variado.

127º - Num corpo em queda livre, o módulo da força induzida aumenta, nesse caso, o movimento é chamado "estimulado".

128º - A causa do movimento em queda livre não é o peso do corpo, mas sim o impulso gravitacional.

129º - Próximo à superfície da Terra, o impulso gravitacional é constante durante todo o movimento.

130º - Próximo à superfície da Terra, qualquer corpo em movimento uniformemente variado acelerado, é atraído pela força externa da gravidade da Terra, com impulso gravitacional constante.

131º - A força induzida gravitacional não depende do peso ou massa dos corpos.

132º - A força induzida é igual para todos os corpos que caem da mesma altura, independentemente de suas massas ou pesos.

133º - Próximos à superfície da Terra, todos os corpos caem com o mesmo impulso, independentemente de seus pesos ou massas.

134º - Em queda livre o corpo está sob a ação de um impulso gravitacional constante. Sendo que esta gera no móvel uma força induzida que varia uniformemente no decorrer do tempo.

135º - A velocidade de um corpo em queda livre independe de seu peso ou massa.

136° - A aceleração da gravidade comunicada aos corpos em queda livre ou em repouso independe de seu peso ou massa.

137° - A aceleração da gravidade de um corpo em queda livre está em equilíbrio com a aceleração produzida pelo campo gravitacional do planeta.

138° - A aceleração da gravidade de um corpo em repouso está em equilíbrio com a aceleração produzida pelo campo gravitacional do planeta.

VII - Lançamento Vertical em Dinamismo

139° - Quando um corpo é lançado verticalmente para "cima", o módulo da força induzida diminui.

140° - Num lançamento vertical, o movimento é chamado por destimulado.

141° - Tanto a queda livre como o lançamento na vertical, são descritos por um movimento uniformemente variado.

142° - Quando o móvel atinge uma altura máxima, sua força induzida inicial é nula.

143° - Num lançamento vertical a força induzida de partida é igual à de retorno.

144° - Num lançamento vertical o tempo gasto na subida é igual ao tempo gasto na descida.

VIII - Conclusões Gravitacionais em Dinamismo

145° - Devido ao fato do impulso gravitacional ser constante para todos os corpos, independentemente de sua massa ou peso, pode-se afirmar que, desprezada a resistência do ar, todos os corpos independentemente de seu peso ou massa, caem com a mesma aceleração, próximos à superfície da Terra.

146° - Quando dois corpos caem da mesma altura, eles chegam ao solo com a mesma velocidade, independentemente de qualquer diferença nas suas massas. Isto porque o impulso gravitacional é a mesma para todos os corpos, independentemente de suas massas ou pesos. Sendo que ela comunica a esses corpos, nos mesmos intervalos de tempos, as mesmas forças induzidas.

147º - O impulso gravitacional é produzido pelo planeta e não pelos corpos quem queda livre. Logo, todos os corpos em queda livre, independentemente de seu peso ou massa, são submetidos à ação da mesma intensidade de impulso de origem gravitacional.

148º - Quando um corpo entra em queda livre sob atração gravitacional, ocorre uma situação de equilíbrio que se traduz por uma igualdade de impulso gravitacional. Esse fenômeno constitui o equilíbrio gravitacional. Portanto, todos os corpos em queda livre estão em equilíbrio gravitacional e apresentam obrigatoriamente impulsos iguais.

149º - Em queda livre a força externa com que a gravidade atrai um corpo é maior num corpo de maior massa e menor num corpo de menor massa. Entretanto, a inércia também é maior num corpo de maior massa e menor num corpo de menor massa. Desse modo, a gravidade compensa a inércia pela força externa de atração gravitacional. O que mantém o corpo em equilíbrio gravitacional. Assim o corpo manifesta a mesmo impulso produzida pelo campo gravitacional do planeta.

150º - O aumento da massa de um corpo em queda livre provoca o aumento da inércia. Esta por sua vez, acarreta uma diminuição no impulso. Por outro lado, esse aumento de massa provoca um aumento da força externa de atração gravitacional, o que leva ao aumento do impulso. Esta exata compensação faz com que o móvel entre em equilíbrio gravitacional com o impulso do planeta.

151º - Em queda livre o aumento da inércia e da força externa (provocado pelo aumento da massa) sofre uma exata compensação, de tal forma que mantém o impulso constante e igual o impulso gravitacional do planeta.

152º - Todos os corpos imersos num campo gravitacional estão em equilíbrio com o impulso gravitacional do planeta.

153º - O equilíbrio gravitacional provoca uma aceleração constante, pois somente um impulso constante pode corresponder a uma aceleração constante.

154º - Se não fosse a inércia, os corpos de maior massa cairiam, sob a atração da gravidade, mais rapidamente do que os mais leves.

O conjunto das leis de Newton exibe a vantagem da simplicidade, mas deve-se reconhecer que existem muitas dificuldades nos detalhes mais finos dos fenômenos mecânicos e que foram omitidas pelas leis newtonianas. Pelo contrário, a tese do Dinamismo explica admiravelmente bem todos os fenômenos existentes. O caráter sistemático da física newtoniana não passa de uma grave falha, diante da maravilhosa unidade, engrenagem, simplicidade e universalidade das leis do Dinamismo. Estas possuem uma extraordinária beleza poética que lhe é exclusivamente peculiar. Os que as entendem conseguem apreciá-las de uma perspectiva estética.

Não há ocupação mais valiosa e deliciosa que contemplar as belas obras da natureza e honrar a sabedoria e a bondade infinitas de Deus. (John Ray).

5. Características da Teoria do Dinamismo

É provérbio meu que, tendo excluído tudo que é impossível, aquilo que fica, por mais improvável que pareça, é a verdade.
Sherlock Holmes.

5.1. Introdução

Em 1.978, Leandro apresentou o primeiro projeto da Teoria do Dinamismo e o elaborara no tocante às forças induzidas. Somente por volta de 1.995 foi que desenvolveu integralmente os detalhes da ação e interação entre as forças. Nesse ano, a obra de Leandro no Dinamismo chegou à sua conclusão definitiva. Ele havia realizado a composição das implicações de sua descoberta inicial, respondendo de uma maneira plenamente satisfatória às perguntas e objeções que formulara para si mesmo. Embora ainda tenha dedicado um período de tempo à exposição, apresentação e divulgação de sua teoria, ele havia terminantemente perdido todo o interesse pelo assunto. Este nunca mais iria conseguir ocupar sua atenção com exclusividade absoluta.

Os tolos se alegram quando descobrem a verdade, os sabidos quando descobrem a mentira. (A Lei de Murphy).

O Dinamismo de Leandro, como qualquer boa teoria cientifica, apresenta as seguintes características e estrutura:

1º - O Dinamismo reduziu um grande número de fenômenos diversos a quatro leis básicas, retro mencionadas.

Isaac Newton ensina que: *A filosofia natural consiste em descobrir a estrutura e as operações da natureza, e em reduzi-las, tanto quanto possível, a regras ou leis gerais. Estabelecendo essas regras através de observações e experimentos e, a partir destes, deduzindo as causas e efeitos das coisas.*

2º - Sob todos os aspectos estas quatro leis representam uma realidade, no sentido que prevêem resultados que concordam com as experiências. Afinal de contas, *contra fatos e experiências não há argumentos.*

3º - As quatro leis combinam admiravelmente com o conjunto de fenômenos e dados observados.

4º - As leis de forças têm formas simples. A matemática e a Teoria do Dinamismo são de fácil compreensão.

Isaac Newton esclarece que: *A natureza, com efeito, é simples e não se serve do luxo de causas supérfluas das coisas.*

5º - O Dinamismo permite deduzir esse grande número de fenômenos diversos a partir dessas quatro leis simples.

O salutar pensamento de Isaac Newton que merece transcrição afirma que: *Pudessem todos os fenômenos da natureza ser deduzido de apenas três ou quatro suposições gerais, haveria grande razão para acatar tais suposições como verdadeiras.*

6º - A Teoria do Dinamismo obtém notável concordância entre a teoria e a experimentação.

Isaac Newton lembra que: *O método adequado para investigar as propriedades das coisas é deduzi-las de experimentos.*

7º - A partir dessas quatro leis básicas é possível predizer novos fenômenos que podem ser facilmente verificados pela experiência.

James Hutton ensina que: *Não precisamos apelar para força que não seja natural do globo, nem admitir ação cujo princípio ignoremos.*

8º - A força do modelo está em sua capacidade de explicar dados reais da experiência.

Isaac Newton lembra que: *A principal função da filosofia natural é argumentar a partir dos fenômenos, sem inventar hipóteses e deduzir as causas dos efeitos.*

9º - O Dinamismo apresenta um conjunto de leis, teoria e grandezas bem definidas e mensuráveis.

10º - O desenvolvimento do Dinamismo seguiu os critérios de simplicidade e simetria da natureza.

Isaac Newton afirma que: *A natureza é extremamente simples e está em harmonia consigo mesma.*

11º - O Dinamismo está alicerçado no princípio de causalidade e na unidade do Universo. *Não há efeito sem causa. E em condições idênticas, as mesmas causas produzem os mesmos efeitos em qualquer parte do Universo.*

12º - O Dinamismo se apresenta como uma generalização da dinâmica newtoniana, além de conceber o pensamento filosófico de Aristóteles.

13º - O Dinamismo se estende a um domínio bem mais amplo do que qualquer teoria anteriormente apresentada na mecânica. *Nessa filosofia [experimental] as proposições particulares são inferidas dos fenômenos, e depois tornadas gerais pela indução.* (Isaac Newton).

14º - O Dinamismo contém a teoria newtoniana como um caso particular da mecânica.

15º - O Dinamismo apresenta os seus conceitos básicos de tal forma que diferem radicalmente de qualquer teoria anterior.

16º - Do Dinamismo origina-se importantes conceitos unificadores, todos fundamentais nas áreas da Física.

17º - O Dinamismo demonstra que fenômenos que aparentemente não apresentavam relação entre si são na realidade interligados.

18º - O Dinamismo está pousado sobre a sólida base do método científico racional.

19º - O Dinamismo está assentado sobre os alicerces da matemática. E isto está em harmonia com o lapidar juízo freqüentemente citado por William Thomson (1824-1907): *Afirmo muitas vezes que, se você medir aquilo de que está falando e o expressar em números, você conhece alguma coisa sobre o assunto; mas, quando você não o pode exprimir em números, seu conhecimento é pobre e insatisfatório; pode ser o início do conhecimento, mas dificilmente seu espírito terá progredido até o estágio da Ciência, qualquer que seja o assunto.*

20º - A filosofia que explica o Dinamismo é satisfatória, intelectualmente consistente, lógica e coerente com a sua teoria matemática.

Galileu Galilei expressou a seguinte verdade: *A filosofia está escrita nesse grandíssimo livro que continuamente está aberto diante dos nossos olhos, mas que não se pode entender sem antes se aprender a entender a língua e os caracteres em que está escrito. Está escrito em língua matemática.*

21º - Os fenômenos apresentados pelo Dinamismo estão em harmonia com as experiências, não existindo fenômeno da Mecânica que o Dinamismo não explique. *Sapiens nihil affirmat quod non probet.* [6]

22º - O Dinamismo apresenta uma visão dentro da tradição mecânica matemática do Universo. Sendo que esta é a visão que predomina nas ciências exatas.

O Senhor com sabedoria fundou a terra: preparou os céus com inteligência. (Salomão).

23º - O Dinamismo oferece uma autêntica investigação filosófica sobre as relações qualitativas e quantitativas da teoria.

24º - O Dinamismo sintetiza de forma completa as grandes correntes metodológicas da ciência moderna: a matematização, a experiência e a interpretação filosófica. Isaac Newton ensina que: *Como na matemática, assim também na filosofia natural, a investigação de coisas difíceis pelo método de análise deve sempre preceder o método de composição. Esta análise consiste em fazer experimentos e observações, e em traçar conclusões gerais deles por indução, não se admitindo nenhuma objeção às conclusões, senão aquelas que são tomadas dos experimentos, ou certas outras verdades.*

25º - A Teoria do Dinamismo tem permitido a elaboração de novas perguntas e tem fornecido novas respostas à causa do movimento e da inércia dos corpos.

A arte de investigador da natureza é muito semelhante à arte que procura interpretar os caracteres de uma carta cifrada. Conjecturando e experimentando várias posições, ele consegue esclarecer o sentido de algumas sílabas; depois, utilizando as mesmas posições para as sílabas seguintes, vai pouco a pouco obtendo, entre erros muito freqüentes, uma chave geral capaz de revelar um significado; aí então, a própria chave é considerada verdadeira, salvo se houver motivos em contrário. (Boscovich).

26º - O Dinamismo dá resultados numericamente corretos por meio de uma matemática facilmente assimilável e elementar. Também permite a visualização dos processos mecânicos do movimento que a teoria newtoniana não visualiza.

27º - A Teoria do Dinamismo além de racional, incorpora os ditames do senso comum.

Aquilo que a experiência e o sentido nos demonstram deve se antepor a qualquer discurso, mesmo que nos pareça muito bem fundamentado. (Galileu Galilei).

28º - Atribui-se, finalmente, ao Dinamismo, uma função pragmática, de compromisso com a realidade e com a necessidade de compreendê-la.

Na filosofia experimental, devemos tomar como precisas ou muito próximas da verdade as proposições inferidas dos fenômenos por indução geral, a despeito de quaisquer hipóteses contrárias que se possam imaginar, até o momento em que ocorram outros fenômenos pelos quais elas possam tornar-se mais precisas ou passíveis de exceções.

Esta é a regra que devemos seguir para que a argumentação indutiva não seja abandonada em função de hipóteses. (Isaac Newton).

29º - O Dinamismo está sendo apresentado à comunidade científica em vários livros e artigos para que seja submetido a uma ampla crítica internacional e ao maior número possível de testes experimentais.

Aplica à disciplina o teu coração e os teus ouvidos às palavras do conhecimento. (Salomão).

5.2. Aplicações

O Dinamismo representa a síntese de duas linhas da Mecânica Clássica: uma baseada na Cinemática, que descreve o movimento sem preocupar-se com suas causas, e outra na

Dinâmica que estuda as causas do movimento. Essa síntese foi desenvolvida pela primeira vez por Leandro Bertoldo em 1978, quando tinha dezenove anos. Entretanto, desde os catorze já vinha estudando os mais diferentes tipos de movimentos e avaliando a possibilidade de numa teoria que abarcasse num único conceito a causa de todos os movimentos que seriam avaliados unicamente em função dessa causa.

O Dinamismo oferece um amplo quadro teórico coerente e consistente com os fatos observados. Essa teoria foi formulada numa concepção inteiramente mecanicista. Representa a única descrição correta dos efeitos que ocorrem no mundo natural. E o campo de aplicação desse novo modelo é amplo e ainda não foi explorado inteiramente. Mas com toda certeza, é para a Mecânica que o Dinamismo traz as suas contribuições mais relevantes:

1º - Permitiu o esclarecimento sobre as causas da diversidade de movimentos.

2º - Sintetizou a Cinemática e a Dinâmica em um todo único consistente e harmonioso.

3º - Possibilitou a descoberta de novos fenômenos físicos que não foram discutidos por Newton.

4º - Forneceu uma maior compreensão do fenômeno da inércia, que até o presente momento é definido de uma forma medieval, como uma *tendência*.

5º - Dividiu o princípio da inércia em dois conceitos distintos. Sendo que o movimento é causado pela presença de força induzida e o repouso é devido a ausência de força induzida.

6º - Veio alterar profundamente a visão contemporânea da Física Clássica e Moderna.

7º - O Dinamismo é capaz de descrever e prever todos os fenômenos do mundo da Mecânica.

8º - Possibilita a colheita de frutos na teoria do Caos, na Relatividade, na Física Quântica, na Cosmologia, etc.

9º - Possibilitou a criação de técnicas que podem perfeitamente ser empregadas em outras áreas das pesquisas puras ou aplicadas.

10º - Finalmente pode-se afirmar que o Dinamismo estende suas ramificações em todas as áreas da ciência e da filosofia, permitindo a reflexão e o aprimoramento de idéias para debates e discussões, o que vem a favorecer o desenvolvimento do pensamento humano.

5.3. Explicações

A Teoria do Dinamismo oferece uma explicação simples de toda a natureza do movimento. Ainda que o Dinamismo esteja fundamentado na matemática, as descobertas físicas que contém podem ser apresentadas sem ela. Basta simplesmente extrair dela suas conclusões. Assim, os argumentos que se seguem estão escritos em prosa e não na linguagem matemática, tornando-se acessível a um vasto público.

Agora observe como o Dinamismo resolve satisfatoriamente as objeções levantadas contra a interpretação dada pela Dinâmica Newtoniana. *Qui habet aures audiendi, audiat.* [7]

1º - O Dinamismo estabelece que somente um impulso de intensidade constante pode provocar uma aceleração constante.

2º - O Dinamismo demonstra que o impulso gravitacional de um corpo em queda livre é constante, pois somente um impulso constante pode provocar uma aceleração constante.

3º - Devido ao fato do impulso gravitacional ser constante para todos os corpos, independentemente de sua massa ou peso, pode-se afirmar que: desprezada a resistência do ar, todos os corpos independentemente de seu peso ou massa, caem com a mesma aceleração, próximos à superfície da Terra.

4º - O Dinamismo prova que a causa do movimento em queda livre não é o peso do corpo, mas sim o impulso gravitacional. E que próximo à superfície da Terra o impulso gravitacional é constante durante todo o movimento e igual para todos os corpos, independentemente de suas massas ou pesos.

5º - O Dinamismo demonstra que quando dois corpos caem da mesma altura, eles chegam ao solo com a mesma velocidade, independentemente de qualquer diferença nas suas massas. Isto porque o impulso gravitacional é a mesma para todos os corpos, independentemente de suas massas ou pesos. Sendo que ela comunica a esses corpos as mesmas forças induzidas.

6º - O Dinamismo prevê que todos os corpos caem com a mesma aceleração, independentemente de seus pesos ou massas porque estão submetidos à mesma intensidade de impulso.

7º - Pela segunda lei de Newton a força de um corpo em queda livre, calculada em qualquer instante, apresentará sempre a mesma intensidade, independentemente da velocidade. Entretanto, o Dinamismo demonstra que em queda livre o corpo está sob a ação de um impulso gravitacional constante. Sendo que esta gera no móvel uma força induzida que varia uniformemente no decorrer do tempo.

8º - O Dinamismo prevê que a velocidade de um corpo em qualquer tipo de movimento está relacionada com a força induzida. Sendo que, quanto maior for a força induzida tanto maior será a velocidade do móvel. Em outras palavras, a velocidade aumenta com a força induzida.

9º - A Teoria do Dinamismo estabelece que o aumento da velocidade dos corpos sob a ação de um impulso constante é proporcional ao aumento da força induzida.

10º - O Dinamismo ensina que a interação do impulso gravitacional provoca o aparecimento do peso dos corpos.

11º - O Dinamismo estabelece que um corpo em movimento uniforme em linha reta transporta uma quantidade de força induzida.

12º - Por causa de sua força induzida, o móvel mantém um movimento uniforme em linha reta para o infinito.

13º - O Dinamismo demonstra que a velocidade do móvel em movimento uniforme em linha reta ao infinito é constante porque a força induzida permanece conservada de forma constante.

14º - As experiências demonstram que corpos em queda livre ganham uma força cada vez maior no desenrolar do movimento. E isto é confirmado no Dinamismo pelo aumento da força induzida no decorrer da queda livre do corpo.

15º - O Dinamismo permite demonstrar como ocorre o aumento da força de impacto com o aumento da velocidade e demonstra que num choque mecânico, a força de impacto será tanto maior quanto maior for a velocidade desse corpo.

16º - A segunda lei de Newton não esclarece como a força de impacto está relacionado com a velocidade do móvel. Entretanto, o Dinamismo estabelece que a velocidade está relacionada com a força induzida e que esta última tem sua parcela no impacto.

17º - O Dinamismo analisa o impacto em termos de uma força transportada pelo corpo em seu movimento e não em termos de uma força externa.

18º - Medidas mecânicas de impactos resultantes dos corpos em queda livre evidenciam a ação de uma força mais intensa do que a força prevista pela segunda lei de Newton. No Dinamismo tal fenômeno fica completamente explicado pelo conceito de inércia e força induzida.

19º - De acordo com a segunda lei de Newton, a força envolvida num choque mecânico deve ser igual para qualquer corpo que apresente a mesma massa e aceleração. Porém, a experiência tem demonstrado que corpos com mesma massa e aceleração podem apresentar força de impactos totalmente diferentes. E segundo o Dinamismo isto é causado pela diferença de força induzida atuando no móvel.

20º - De acordo com a segunda lei de Newton, não há força interagindo num móvel quando não há aceleração. Entretanto, o Dinamismo demonstra que corpos em movimento retilíneo uniforme transportam uma força induzida manifestando claramente a existência dessa força num eventual choque mecânico.

21º - A segunda lei de Newton sugere que o peso é a força responsável pela queda livre dos corpos. Entretanto o Dinamismo estabelece que a força responsável pela queda livre dos corpos é o impulso. Ela é constante para todos dos corpos e, como tal, produz uma aceleração constante, o que está de acordo com as experiências.

22º - A segunda lei de Newton sugere que a aceleração dos corpos em queda livre é o resultado da ação do peso. Porém o Dinamismo demonstra que a aceleração depende apenas do impulso gravitacional. Sendo que esta independe do peso ou massa do corpo.

23º - A Mecânica Clássica não estabelece a dependência entre velocidade e força. Todavia o Dinamismo demonstra claramente que a velocidade é o resultado da ação direta da força induzida.

24º - As experiências demonstram que a velocidade de um corpo em queda livre independe de seu peso ou massa. Isto está de acordo com o Dinamismo, pois a força induzida responsável pela velocidade não depende do peso ou da massa.

25º - A segunda lei de Newton não prevê o aumento de força que aparece com o aumento da velocidade de um corpo. Porém, o Dinamismo demonstra claramente que o aumento da velocidade é um efeito da força induzida. Sendo que está é igual para todos os corpos que caem da mesma altura, independentemente de suas massas ou pesos.

Delenda Carthago.[3]

6. Reflexão Final

*Dia a dia, as maravilhosas obras de Deus,
as provas de Seu miraculoso poder ao criar e manter o Universo,
abrir-se-ão ao espírito em nova beleza.*
Ellen G. White

A revisão definitiva do Dinamismo foi concluída em 1996. O período que se estende de setembro a junho de 1995-6, representa uma conquista para a história da ciência, quando Leandro concluiu a moderna Teoria do Dinamismo com a sua sistematização definitiva. Comparada com os antecedentes oriundos da Física Clássica, trata-se de uma concepção inovadora e revolucionária.

A grande etapa do trabalho de Leandro foi a criação do seu Dinamismo, ferramenta requerida e necessária para a compreensão do Universo. Enquanto alguns princípios da Mecânica Clássica, como a generalização da primeira lei de Newton, haviam desviado a atenção da precisão quantitativa para um conceito qualitativo genérico, a nova concepção de Leandro de "força induzida" exigiu um tratamento matemático. E para a ciência é suficiente que as interações de forças ocorra em conformidade com as leis apresentadas e que sirvam para considerar e deduzir de forma consistente todos os demais fenômenos da mecânica da natureza.

Leandro tornou o Dinamismo deliberadamente elementar para poder ser compreendido pelo maior número possível de pessoas que, se entenderem as demonstrações apresentadas, provavelmente poderão concordar e aceitar a teoria.

Quanto mais elementar sua pesquisa, maior o número dos que poderão lê-la, concordar com os resultados e quebrar o pau junto com você na hora necessária. (Lei de Murphy).

A Teoria do Dinamismo permite inferir que a teoria de Newton não está errada, apenas incompleta, sendo um caso particular do Dinamismo. Pois a Dinâmica procura avaliar os movimentos apenas em relação ao conceito de força externa, o que não e suficientemente satisfatório.

Com a Teoria do Dinamismo a Mecânica atinge uma generalidade que nunca foi alcançada por qualquer teoria anterior. Sua função principal consiste em oferecer à Física uma visão unificada da Mecânica Clássica.

Os métodos e os resultados da síntese encontrada no Dinamismo vem impor um rearranjo radical de todos os sistema do conhecimento humano. Pode-se inferir facilmente que nos anos que se seguirão, em conseqüência do Dinamismo, a Física e as demais ciências correlatadas terão um grande e profundo desenvolvimento em todas as suas áreas.

A descoberta das leis da Física por Leandro desencadeia uma profunda revolução na visão clássica do Universo. Na verdade, após o Dinamismo, a Física nunca mais será a mesma.

Como afirma a lei de Murphy: *Observando, você observa muita coisa*. Desse modo, o sucesso do Dinamismo reside no fato de que suas previsões e explicações estão em perfeita conformidade com os fatos observados. E além do mais, sua filosofia é altamente consistente e coerente com sua teoria e previsão matemática. Isto a torna altamente convincente e intelectualmente satisfatória.

Apesar de que, concepções aceitas durante longo tempo não são abandonadas com facilidade ou pois quem tem um ponto de vista não admite contestação, inegável é o fato de que o Dinamismo explica bem melhor todos os fenômenos mecânicos do que a teoria Dinâmica de Newton.

Como foi verificada, a palavra "Dinamismo" tem origem no vocábulo grego *dynamis*, que reconhece na natureza apenas a interação de forças. E tal interação determina todos os fenômenos cinemáticos e dinâmicos da matéria.

Com o advento da moderna Teoria do Dinamismo desenvolveu-se um gigantesco sistema teórico que modifica profundamente as bases da Física Clássica e Moderna.

No decorrer do estudo da Teoria do Dinamismo, teve-se a oportunidade de verificar como esse modelo foi desenvolvido a partir de alguns princípios fundamentais e elementares, bem como sua aplicação à compreensão de uma grande variedade de fenômenos físicos.

Uma conseqüência oriunda da concepção do Dinamismo foi a nova interpretação do conceito de forças. Elas representam um questionamento generalizado dos cânones científicos atualmente estabelecidos.

Porém, uma vez que esses princípios fundamentais se tornem claramente compreendidos, passam a desencadear uma nova e extraordinária corrente de pensamento que permite visualizar os fenômenos físicos de um ponto de vista mais lógico, consistente e unificado da Mecânica. Sem dúvida alguma esse fato constitui uma das grandes realizações da Teoria do Dinamismo.

A apresentação desse modelo unifica a **Cinemática** e a **Dinâmica**, sob a generalização denominada **Dinamismo**, o que vem a exigir um reexame da Física Clássica e Moderna unicamente dentro da perspectiva do Dinamismo. Portanto, a Física Clássica e a Moderna, devem procurar absorver num só corpo de conhecimento todos os conceitos apresentados pelo Dinamismo.

Pode-se afirmar que os conceitos apresentados no Dinamismo são totalmente novos. Portanto, esta teoria promulga uma doutrina radicalmente inusitada que devasta conceitos longamente plantados e arraigados nos corações por séculos. Porém, deve ser ressaltado que o Dinamismo é um conjunto simples de princípios fundamentais através dos quais todos os fatos conhecidos são bem compreendidos e novos resultados são perfeitamente previstos.

O Dinamismo é importante pelo fato de fornecer os conceitos básicos e o esquema teórico sobre os quais se fundamenta a Cinemática e a Dinâmica. Do ponto de vista prático, também é importante, porque possibilita a criação de técnicas que podem perfeitamente ser empregadas em outras áreas das pesquisas puras ou aplicadas.

O Dinamismo, dessa forma, vem a impulsionar o avanço dos conhecimentos sobre a natureza.

Exegi monumentum aere perennius.[8]

PARTE III

As Causas do Movimento

The Causes of Moviment

Leandro Bertoldo
E-mail: leandrobertoldo@ig.com.br

Prefácio

Este artigo apresenta uma nova teoria da Mecânica, denominada por *Dinamismo*, bem como as suas leis fundamentais, algumas definições, previsões, análises e diferenças com a Dinâmica Clássica. Também mostra que a Física do Dinamismo é inovadora, admitindo as operações dos corpos em função de forças internas e externas, com isso unifica a Cinemática e a Dinâmica, num conceito todo único e harmonioso, realizando a generalização da Mecânica Clássica.

This article shows a new Mechanics theory called by *Dynamism*, with its fundamental laws some definitions, previsions, analisys and differences with the Classic Dynamics. It also shows that the Physics of Dynamism is innovating. It admiting the bodies operations in function of internal and external forces, and unify Kinematics and Dynamics, in a all single and harmonious concept, carryng out the generalization of Classic Mechanics.

1. Introdução

Nos últimos anos do século XX, a Mecânica Clássica passou por algumas inovações, devido aos resultados teóricos obtidos a partir da construção de um novo modelo, denominado por *Dinamismo*, o qual procura explicar as particularidades dos mais diversos tipos de movimentos unicamente em função de três leis fundamentais.

Tais resultados demonstram claramente que a Mecânica Clássica desenvolvida por Galileu Galilei (1564-1642) e por Isaac Newton (1642-1727) descreve a natureza dos mais diversos fenômenos do movimento de uma forma limitada, deixando de explicar mais precisamente a *causa dinâmica* do movimento de um corpo em queda livre, da inércia e da força de impacto.

Diante das deficiências teóricas observadas na Mecânica Clássica, tornou-se evidente que as idéias defendidas pelo modelo do Dinamismo são inovadoras e de fundamental importância para uma descrição matemática e filosófica mais exata e profunda dos fenômenos cinemáticos, tais como, a explicação da causa da velocidade e dos diversos tipos de movimentos. O referido modelo também se destaca devido à previsão de novos resultados científicos, provenientes da compreensão dos conceitos de impulso, força induzida etc.

Além disso, essas novas idéias tiveram um papel fundamental no desenvolvimento posterior de uma mecânica generalizada, como se poderá observar no decorrer do presente artigo.

2. Considerações Iniciais

Algumas considerações iniciais são muito importantes e devem ser mencionadas para se compreender como a Teoria do Dinamismo foi concebida. Essas considerações são as seguintes:
 1. Considerando que uma *força* produz deformações.
 2. Considerando que o *impacto* de um corpo contra um anteparo qualquer se manifesta na forma de uma força.
 3. Considerando que um corpo em *movimento inercial* ao chocar-se contra um anteparo qualquer apresenta uma força de impacto que será tanto mais violento quanto maior for a velocidade desse corpo, muito embora tal corpo esteja na ausência total de forças externas.
 4. Considerando que a força de impacto de *um* corpo em *queda livre*, que se choca contra a superfície terrestre, seja tanto maior quanto maior for a velocidade desse corpo, muito embora ele esteja submetido à ação de uma intensidade de força externa constante.

5. Considerando que um corpo em *movimento inercial* mantém o seu Movimento Uniforme infinitamente, independentemente da ação de qualquer força externa.

Então necessário se faz levantar as seguintes hipóteses:

1. Que uma "força" de natureza muito diferente da "força externa" é parcialmente responsável pela causa da violência da força de impacto de um móvel contra um anteparo qualquer.
2. Que tal "força" é diretamente responsável pela velocidade que um móvel apresenta.
3. Que tal "força" é a causa do movimento inercial ao infinito que o móvel apresenta.
4. Que quanto maior for essa "força" tanto maior será a velocidade observada no corpo.
5. Que essa "força" é criada quando o corpo se encontra submetido à ação de uma força externa.
6. Que essa "força", uma vez criada, permanece conservada e transportada pelo móvel.

3. Definição Inicial

A grandeza física apresentada como "força" nas hipóteses retro mencionadas é bem definida como *força induzida*. E pode ser compreendida como uma *interação* que produz qualquer tipo de movimento.

Essa "força" recebeu o nome de *força induzida* porque ela é *comunicada* ao móvel enquanto este permanecer sob a ação de uma *força externa*. Uma vez cessada a ação da força externa, a força induzida deixa de ser *gerada* no móvel. Todavia, a quantidade de força induzida, que o móvel recebeu até o último instante em que estava sob a influência da força externa, permanece conservada de forma constante. E isto até que uma outra ação de força externa venha a modificar essa quantidade conservada no móvel.

4. Hipótese Fundamental

Visando explicar as observações levantadas nas hipóteses anteriormente mencionadas pode-se enunciar a seguinte hipótese fundamental:

> *A variação de força induzida é diretamente proporcional à variação de velocidade de um móvel.*

Simbolicamente o referido enunciado é expresso pela seguinte igualdade:

$$\Delta i = e \cdot \Delta v$$

Essa hipótese fundamental da Teoria do Dinamismo estabelece uma proporcionalidade entre *força induzida* (**i**) e *velocidade* (**v**). Ela afirma que quanto maior for a força induzida comunicada e conservada pelo móvel tanto maior será sua velocidade. A constante de proporcionalidade (**e**) é denominada por *estímulo*.

5. Demonstrações

Analisando a hipótese fundamental do dinamismo com os conceitos da Mecânica Clássica, obtêm-se algumas demonstrações bastante interessantes:

• **Demonstração I** – A hipótese fundamental da Teoria do Dinamismo afirma que a variação da força induzida num corpo é igual ao produto entre o estímulo pela variação de velocidade do corpo. Simbolicamente, o referido enunciado é expresso pela seguinte igualdade:

$$\Delta i = e \cdot \Delta v$$

A Cinemática ensina que, no *Movimento Uniformemente Variado*, a variação de velocidade de um corpo é igual ao produto entre a aceleração pela variação de tempo que o corpo permanece em movimento. Sendo que, simbolicamente, o referido enunciado é expresso por:

$$\Delta v = \alpha \cdot \Delta t$$

Substituindo convenientemente as duas últimas expressões obtém-se que:

$$\Delta i = e \cdot \alpha \cdot \Delta t$$

Considerando que a constante denominada por *estímulo* é de caráter *fundamental* e que a aceleração é constante quando o corpo está sob a ação de uma força externa constante, então defino o impulso como sendo o produto existente entre o estímulo pela aceleração do corpo. Sendo que, simbolicamente, o referido enunciado é expresso por:

$$f = e \cdot \alpha$$

Essa expressão é enunciada nos seguintes termos:

O impulso que interage num corpo é igual ao produto entre o estímulo pela aceleração adquirida por esse corpo.

A expressão algébrica anterior indica que quanto maior for o impulso, tanto maior será a aceleração adquirida pelo corpo. Também se pode observar que o estímulo é o elemento que relaciona força induzida e velocidade, bem como também relaciona impulso e aceleração. Com isso realiza a *unificação* entre Cinemática e Dinâmica, cuja síntese deu origem ao Dinamismo.

O impulso reflete um equilíbrio dinâmico entre a ação da força externa pela atividade da inércia da matéria. A intensidade do impulso é sempre menor do que a intensidade da força externa e somente existe enquanto o corpo estiver sob a ação de uma força externa. Também se pode afirmar que não existe movimento sem que, em algum momento no passado, o corpo tenha estado sob a ação de um impulso. E quanto ao sentido, o impulso coincide com o da força externa.

Como a relação entre (**f/α**) é uma constante para o corpo em movimento, pode-se definir a constante genérica que foi denominada na Teoria do Dinamismo por estímulo. Simbolicamente pode-se escrever que:

$$e = f/\alpha$$

Sendo que a constante de proporcionalidade é uma constante universal denominada por *estímulo*. Claro está que o estímulo não possui dimensão de massa (**m**), simplesmente porque a grandeza física denominada por impulso (**f**) não apresenta a mesma natureza da força externa (**F**), mas na verdade são dois fenômenos completamente distintos.

• **Demonstração II** – Foi demonstrada que a variação da força induzida é igual ao produto existente entre o estímulo, a aceleração e a variação de tempo decorrido de movimento do corpo. Sendo que o referido enunciado é representado simbolicamente pela seguinte igualdade:

$$\Delta i = e \cdot \alpha \cdot \Delta t$$

Sabe-se que o impulso que interage num corpo é igual ao produto entre o estímulo pela aceleração que esse corpo apresenta. Simbolicamente o referido enunciado é expresso por:

$$\Delta i = f \cdot \Delta t$$

Por essa expressão se pode apresentar o seguinte enunciado:

A variação da força induzida num móvel é igual ao produto existente entre o impulso pela variação de tempo decorrido de interação do impulso.

A força induzida não possui características da força newtoniana. Razão pela qual não se deve confundir sua denominação com sua natureza física. A força induzida é causa primordial da velocidade de qualquer corpo, e de qualquer tipo de movimento, como por exemplo, do movimento uniformemente variado, do movimento inercial e também é parcialmente responsável pela violência da força de impacto, etc. Essa força é conservada e transportada pelo móvel e somente varia sob interação do impulso. Não existe movimento sem a conservação de força induzida. O sentido da força induzida é idêntico ao do impulso.

• **Demonstração III** – Neste artigo definiu-se que o impulso que interage num corpo é igual ao produto entre o estímulo pela aceleração apresentada por esse corpo. Sendo que o referido enunciado é expresso pela seguinte igualdade:

$$f = e \cdot \alpha$$

Pelo princípio fundamental da dinâmica pode-se afirmar que a ação de uma força externa sobre um corpo é igual ao produto entre a massa desse corpo por sua aceleração. Simbolicamente o referido enunciado é expresso pela seguinte expressão algébrica:

$$F = m \cdot \alpha$$

Substituindo convenientemente as duas últimas expressões, resulta que:

$$f = e \cdot F/m$$

Essa expressão permite apresentar o seguinte enunciado:

> *O impulso que interage num corpo é igual ao produto entre o estímulo pela intensidade da força externa aplicada sobre esse corpo, inversa pela massa desse mesmo corpo.*

Pela última expressão se pode verificar que o impulso que interage num corpo será tanto maior quanto maior for a intensidade da ação da força externa aplicada sobre esse corpo e, tanto menor, quanto maior for a massa do referido corpo.

A força externa é definida pela segunda lei de Newton, a qual exprime a intensidade de força externa aplicada sobre um corpo em função da massa e da aceleração. Essa força é a causa inicial de todo e qualquer fenômeno mecânico que envolva o movimento. Não existe movimento sem que, em algum momento no passado, o corpo tenha estado sob a ação de uma força externa.

O Dinamismo é a teoria que explica os mais variados tipos de movimentos unicamente em função de suas causas fundamentais, que são caracterizadas pela interação de três forças básicas, a saber: *força externa*, *impulso* e *força induzida*.

6. Leis Fundamentais do Dinamismo

O ano de 1978 marca o nascimento do modelo mecânico que ficou sendo conhecido por *Dinamismo*, o qual tinha por objetivo explicar a causa fundamental da velocidade e dos mais diferentes tipos de movimentos experimentados pelos corpos. Entretanto, o referido modelo somente foi concluído em 1995, após um período de dezessete anos de estagnação.

Tal modelo apresenta uma altíssima concordância, qualitativa e quantitativa, com a Cinemática e com a Dinâmica. E, além do mais, possui um atrativo muito grande, sua matemática é de fácil compreensão e assimilação. Finalmente pode-se acrescentar o fato de que esse modelo é bastante elementar.

No presente artigo serão considerados alguns detalhes interessantes a respeito das conclusões obtidas a partir desse modelo, que está fundamentado na contextura de três leis, as quais podem ser enunciadas nos seguintes termos:

Lei I - *A força externa que atua sobre um corpo é igual ao produto entre a massa desse corpo por sua aceleração.*

Simbolicamente o referido enunciado é expresso pela seguinte igualdade:

$$F = m \cdot \alpha$$

A força externa é sempre aplicada ao exterior do corpo e pode ser originada por diferentes tipos de máquinas como, por exemplo, força elástica do estilingue, do arco, da besta, da mola, do músculo etc.

Lei II - *O impulso que interage num corpo é igual ao produto entre uma constante universal denominada "estímulo" pela aceleração que o corpo apresenta.*

O referido enunciado pode ser expresso simbolicamente pela seguinte igualdade:

$$f = e \cdot \alpha$$

Sendo que a letra (**e**) representa o estímulo, o qual é uma constante universal. Ou seja, apresenta o mesmo valor para todas partículas.

Diferentemente da força externa, o impulso leva em consideração a oposição oferecida pela matéria à introdução ou modificação de aceleração. Diante da definição de impulso pode-se estabelecer que:

- Sob a interação de um impulso constante, um móvel apresenta uma aceleração constante. Portanto, esse móvel possui uma velocidade que varia uniformemente no decorrer do tempo, isso indica que o movimento é classificado como uniformemente variado.
- Um impulso variável produz uma aceleração variável. Logo o móvel apresenta uma diversidade de movimento caracterizado ou classificado cinematicamente de acordo com a taxa de variação da velocidade.
- Quando o impulso é nulo, não há aceleração. Portanto, o corpo está em repouso ou em movimento uniforme e retilíneo ao infinito, a menos que uma força externa venha a modificar qualquer uma dessas situações.

Lei III - *A variação de força induzida é igual ao produto entre a intensidade do impulso pela variação de tempo.*

Simbolicamente o referido enunciado é expresso pela seguinte igualdade:

$$\Delta i = f \cdot \Delta t$$

A força induzida é comunicada a um móvel pela interação do impulso. Sua intensidade será tanto maior quanto maior for a intensidade do impulso que interage no móvel e tanto maior quanto maior for o intervalo de tempo de interação desse impulso em tal móvel.

• A interação de uma força induzida num móvel é a causa de todo e qualquer tipo de movimento.

• O movimento variado de um corpo é organizado mediante a conservação ou dissipação de força induzida num móvel.

A Teoria do Dinamismo procura explicar todos tipos de movimento e fenômenos mecânicos unicamente em função dessas três forças básicas, de tal forma que essa teoria não admite a existência de movimento sem a interação da força induzida.

Essas leis conseguem unificar as grandezas físicas da Mecânica Clássica e não Clássica num conjunto altamente consistente. Por exemplo, as grandezas conhecidas por força externas, massa, aceleração, velocidade e tempo são grandezas fundamentais da Física Clássica newtoniana, porém, as grandezas físicas denominadas por impulso, estímulo e força induzida, nunca fizeram parte ou mesmo foram definidas pela Física Clássica. Todavia, a Teoria do Dinamismo estabelece relações físicas e matemáticas entre esses dois conjuntos de grandezas físicas.

As várias formas como essas forças interagem e se manifestam mostram uma origem comum e fundamental. Elas estão diretamente relacionadas entre si e, ao mesmo tempo, são mutuamente dependentes. As idéias defendidas na Teoria do Dinamismo são notáveis e muito engenhosas. A teoria apresenta muitos pontos positivos em seu favor: suas previsões são extremamente eficientes e exatas quando comparadas com as experiências. Por exemplo, a teoria estabelece os parâmetros matemáticos do princípio da inércia; ou seja, permite prever os dados da primeira lei do movimento em perfeita concordância com o enunciado da Mecânica Clássica.

7. Força Induzida e Movimento

No presente item será analisada a interação entre "força induzida" e "movimento" em três situações distintas, nas quais a força induzida se apresenta nas seguintes condições: *uniforme, constante* ou *nula*:

1º - *Força induzida uniforme*. Quando a força induzida varia uniformemente no decorrer do tempo, conforme a expressão ($\Delta i = f \cdot \Delta t$), verifica-se os seguintes efeitos:
  a) A velocidade varia uniformemente no decorrer do tempo, conforme a seguinte expressão: ($\Delta v = \alpha \cdot \Delta t$).
  b) A velocidade varia uniformemente com a força induzida, conforme a seguinte expressão: ($\Delta i = e \cdot \Delta v$).
  c) Quando a força induzida e a velocidade variam uniformemente com o passar do tempo, pode-se concluir que o impulso permanece constante ($f = cte$).

Nestas condições o movimento é denominado por *Movimento Uniformemente Variado* (**MUV**). Diante disto pode-se apresentar a seguinte lei do movimento:

A interação de um impulso constante comunica ao móvel uma força induzida crescente no decorrer do tempo e, portanto, causa um movimento uniformemente variado.

2º - *Força induzida constante*. Quando a intensidade da força induzida num móvel permanecer constante no decorrer do tempo (**i = cte**), constatam-se os seguintes efeitos:
  a) A velocidade (**v**) permanecerá constante (**v = cte**).
  b) Quanto a força induzida (**i**) e a velocidade (**v**) são constantes (**cte**) verifica-se a seguinte igualdade: (**i = e . v**).
  c) Quando a força induzida e a velocidade são constantes, isto indica que o impulso é nulo (**f = 0**).

Quando ocorre esse fenômeno tem-se o chamado movimento uniforme e retilíneo (**MUR**). Deste modo pode-se enunciar as seguintes leis do movimento:

> *Quando o impulso se torna nulo, o móvel passa a conservar e apresentar uma força induzida constante no decorrer do tempo e, portanto, um movimento uniforme e retilíneo ao infinito.*

> *Unicamente devido a interação de uma força induzida constante no decorrer do tempo, todo móvel segue uniformemente em linha reta ao infinito, a menos que uma força externa venha a alterar tal situação.*

3º - **Força induzida nula**. Se a intensidade da força induzida for nula (**i** = **0**), observam-se os seguintes efeitos cinemáticos:

a) Neste caso a velocidade será nula (**v** = **0**).

b) Força induzida e velocidade nula indicam que o impulso também é nulo (**f** = **0**).

Ocorrendo esta situação o *movimento é nulo* (**MN**). Logo se pode concluir que o corpo está num estado de *repouso*. Assim pode-se enunciar a seguinte lei do movimento:

> *Na ausência de forças induzidas, um corpo está em repouso, a menos que uma força externa venha a modificar tal situação.*

Observe que sob a perspectiva da força induzida, existe uma enorme diferença entre um corpo encontrar-se num estado de repouso e outro num estado de movimento com velocidade constante. Para entrar num estado de repouso o móvel precisa *dissipar* a força induzida que transporta. Entretanto, para entrar num estado de movimento o corpo necessita receber e conservar força induzida.

Em síntese, a força induzida caracteriza a diversidade de movimento. Ou seja, o movimento varia conforme a variação da força induzida comunicada ao móvel.

Se a força induzida varia de forma uniforme no decorrer do tempo, o movimento será classificado como Movimento Uniformemente Variado. Se a força induzida permanece constante no decorrer do tempo, o movimento será denominado por Retilíneo e Uniforme, e se a força induzida for nula o movimento será nulo e o corpo estará em repouso.

Diante do que foi exposto, também se pode verificar que um impulso nulo (**f** = **0**) tanto serve para caracterizar um movimento uniforme em linha reta ao infinito como serve para caracterizar um corpo em repouso. Assim pode-se enunciar a seguinte lei do movimento:

Na ausência de forças dinâmicas, qualquer corpo permanece em seu estado de repouso ou de movimento uniforme em linha reta, a menos que seja obrigado a alterar tal estado por forças aplicadas sobre ele.

Nessa lei tanto faz que o corpo esteja em repouso ou em movimento com velocidade constante, pois tal situação é perfeitamente normal sob a perspectiva do impulso. Observe que o enunciado dessa lei é semelhante ao da primeira lei de Newton (princípio da inércia), sendo que a única diferença está localizada no conceito de impulso e força externa.

Diante da lei anteriormente enunciada, pode-se apresentar o seguinte princípio:

> Sob a perspectiva causal da força externa ou do impulso é impossível afirmar se um corpo encontra-se num estado de repouso ou de movimento uniforme e retilíneo ao infinito.

8. Força Externa e Movimento

Como foi anteriormente demonstrado, substituindo a primeira lei do dinamismo (**F = m . α**) com a segunda (**f= e . α**), obtém-se o seguinte resultado:

$$f = e \cdot F/m$$

O referido resultado pode ser enunciado nos seguintes termos:

> *O impulso que interage num corpo é igual ao produto entre o estímulo pela intensidade de força externa aplicada sobre esse corpo e inversa por sua massa.*

Com isto fica claro que o impulso guarda relação com a força externa e com a massa. Uma rápida análise matemática da referida expressão permite obter as seguintes conclusões:

1º - Quanto maior for a *força externa* aplicada sobre um corpo, tanto maior será o impulso resultante. E quanto maior for a *massa* desse corpo, tanto menor será o impulso resultante.

2º - Sob a ação de uma força externa constante (**F = cte**), quanto maior for a massa (**m**) que um corpo apresentar, tanto menor será o impulso (**f**) verificado. Portanto, maior será a oposição oferecida pela resistência oferecida pela inércia da matéria.

3º - Se a força externa aplicada sobre um corpo permanecer constante (**F = cte**), o impulso também será constante (**f = cte**), desde que a massa também permaneça constante (**m = cte**). Nestas condições a força induzida varia uniformemente no decorrer do tempo conforme a seguinte expressão algébrica (**Δi = f . Δt**), fazendo com que a velocidade também varie uniformemente (**Δi = e . Δv**). O movimento que resulta é denominado por "Movimento Uniformemente Variado" (**MUV**).

4º - Se a força externa se tornar nula (**F = 0**), o impulso desaparece (**f = 0**). Quando isso ocorre pode-se constatar que a força induzida permanecerá constante (**i = cte**). Se a força induzida é constante então a velocidade também será constante (**v = cte**). Diante dessa situação, o movimento observado é Uniforme e Retilíneo (**MUR**).

5º - Se a força externa for nula desde o princípio (**F = 0**), é evidente que o impulso será nula (**f = 0**). Nessas circunstâncias, a força induzida também será nula (**i = 0**) e a velocidade também será nula (**v = 0**), portanto o movimento será nulo (**MN**). Logo se pode concluir que o corpo está em repouso.

Diante do que foi apresentado pode-se verificar que quando a força externa for nula (**F = 0**), ela passa caracterizar, num mesmo tempo, o movimento uniforme em linha reta e o repouso. Portanto, pode-se apresentar o enunciado da seguinte lei do movimento:

Na ausência de forças externas, todo corpo permanece em seu estado de repouso ou de movimento retilíneo uniforme, a menos que seja obrigado a modificar tal situação por forças aplicadas sobre ele.

Este princípio corresponde exatamente ao enunciado do *princípio da inércia*, também conhecido por *primeira lei de Newton*. Observe que, na primeira lei de Newton, não existe nenhuma diferença entre um corpo encontrar-se num estado de repouso ou possuindo um Movimento Uniforme e Retilíneo. Essas duas situações são perfeitamente normais e válidas sob a perspectiva da força externa. Isto porque nas duas situações a força externa é nula (**F** = **0**).

Sob a perspectiva da Teoria do Dinamismo, o princípio da inércia sofre um processo de *bipartição*. Destarte, passa a existir uma causa para explicar o *movimento constante* (**F** = **0**), (**i** = **cte**), e outra para explicar o *repouso* (**F** = **0**), (**i** = **0**).

A justificativa para a bipartição do princípio da inércia é a seguinte: *um corpo em repouso indica ausência de força induzida e um corpo em movimento uniforme indica a presença da interação de uma força induzida constante conservada no móvel.*

De tudo o que foi exposto, fica claro que os cientistas estão diante de uma nova teoria da Mecânica, a qual foi denominada no presente artigo por Teoria do Dinamismo, pois considera que o movimento resulta da contínua interação de uma força induzida num móvel.

9. Objeções e Soluções

Devido aos seus próprios fundamentos, a Teoria do Dinamismo pode ser considerada como uma parte integrante da Física Clássica. Na verdade, por causa do grande alcance de sua generalização, essa teoria acabou por sintetizar a Mecânica Clássica, unindo Cinemática e Dinâmica num conceito único.

Essa teoria é tão geral que possibilitou a elucidação de alguns aspectos fundamentais da Cinemática que não podiam ser inteiramente compreendidos de forma coerente, matemática e lógica pela Dinâmica Newtoniana. Esses aspectos e explicações são apresentados a seguir:

1º - Sabe-se que sob a ação de uma força externa de intensidade constante (**F** = **cte**), um móvel apresenta uma aceleração de intensidade constante (α = **cte**). Com isso, sua velocidade varia uniformemente no decorrer do tempo ($\Delta v = \alpha \cdot \Delta t$). Logo, a causa dinâmica que provoca o aparecimento da velocidade não pode ser a ação da força externa, a qual permanece constante durante todo o movimento, enquanto que a velocidade do móvel sofre variações crescentes no decorrer do tempo.

Porém, a Teoria do Dinamismo ensina que a velocidade de um corpo não está relacionada com a ação da força externa (**F**), mas sim com a força induzida (**i**), que é conservada e transportada pelo móvel, conforme a seguinte expressão ($\Delta i = e \cdot \Delta v$). Disso pode-se concluir que:

a) Quanto maior for a força induzida acumulada no móvel, tanto maior será a velocidade que ele adquire, pois a velocidade varia na mesma proporção da variação da força induzida.

b) Quando, numa situação de movimento, a força externa se tornar nula (**F = 0**), o móvel passa a conservar a sua força induzida numa intensidade constante (**i = cte**), a qual mantém a velocidade constante (**v = cte**) e, portanto, um Movimento Uniforme (**MU**) infinito.

A Mecânica Clássica, através da expressão galileana ($\Delta v = \alpha \cdot \Delta t$), permite afirmar que sob a ação de uma força externa de intensidade constante (**F = cte**), um móvel apresenta velocidade crescente com o passar do tempo. O Dinamismo, através da expressão ($\Delta i = f \cdot \Delta t$), afirma que, sob a ação de uma força externa constante (**F = cte**), um móvel apresenta força induzida (**i**) crescente no decorrer do tempo. Portanto, a força induzida explica claramente a causa da velocidade (**v**) dos corpos conforme relacionados pela seguinte expressão ($\Delta i = e \cdot \Delta v$).

2º - Sabe-se que sob a ação de uma força externa de intensidade constante (**F = cte**), um móvel apresenta uma aceleração de intensidade constante (α = **cte**). Com isso, a força de impacto contra um anteparo qualquer aumenta continuamente no decorrer do movimento. Logo, a causa dinâmica que provoca o aumento da força de impacto não pode ser a ação da força externa, a qual permanece constante, enquanto que a força de impacto sofre variações crescentes no decorrer do movimento.

Todavia, conforma a Teoria do Dinamismo, a força de impacto não está relacionada somente com a intensidade da força externa (**F**), mas também com a força induzida (**i**), que é conservada pelo móvel durante o seu movimento, conforme a seguinte expressão ($\Delta i = f . \Delta t$). Desse modo pode-se afirmar que quanto maior for a força induzida acumulada no móvel, tanto maior será a intensidade do impacto observado, pois a força induzida varia na proporção da variação do tempo decorrido de movimento uniformemente variado. Também é interessando ter a atenção chamada para o fato de que, se a força externa se tornar nula (**F** = **0**), o móvel passa a conservar uma intensidade de força induzida constante (**i** = **cte**), mantendo um movimento uniforme ao infinito. Nesta situação a força de impacto observada será tão violenta quanto for a intensidade de força induzida conservada no móvel.

3º - Pela Mecânica Clássica, sabe-se que uma força externa de intensidade constante (**F** = **cte**) produz uma aceleração constante (α = **cte**). Ocorre que, sob a ação da atração gravitacional, corpos de diferentes massas (**m**) apresentam diferentes intensidades de forças externas (**F** = **m** . α), embora a aceleração desses corpos permaneça sempre a mesma. Logo, a Teoria Dinâmica Newtoniana não prevê *explicitamente* qual é o tipo de força que causa o movimento dos corpos em queda livre.

Porém, a Teoria do Dinamismo explica esse fenômeno da seguinte forma: Muito embora corpos de diferentes massas apresentam diferentes intensidades de forças externas, todos eles sempre apresentam, sob ação da atração gravitacional, uma mesma intensidade de impulso (**f** = **cte**), o qual é responsável pela aceleração constante dos corpos (α = **cte**) conforme a segunda lei do Dinamismo (**f** = **e** . α). Destarte, uma intensidade de impulso variável provoca uma aceleração variável; um impulso constante provoca uma aceleração constante, e um impulso nulo é a causa de uma aceleração nula. Logo, a causa fundamental da aceleração não é a força externa, como quer a teoria clássica, mas sim o impulso.

4º - Uma interpretação da Dinâmica Newtoniana afirma que, num campo gravitacional, a força externa que atua sobre um corpo em queda livre é o seu próprio peso (**P** = **m** . α); entretanto, sabe-se que, em queda livre, o peso de um copo é nulo (**P** = **0**).

Logo, tal força de nenhum modo pode ser a causa do movimento acelerado de um corpo em queda livre.

Ocorre que pela Teoria do Dinamismo, o movimento de qualquer corpo em queda livre não depende de sua força externa ou peso, mas é devido unicamente à interação de um impulso constante (**f** = **cte**), a qual independe da massa do corpo.

5º - A Dinâmica Newtoniana também permite afirmar que, sob ação de uma intensidade de força externa constante (**F** = **cte**), o eventual acréscimo da massa de um corpo em *movimento livre*, acarreta uma diminuição em sua aceleração. Já o acréscimo da massa de um corpo em *queda livre* provoca o aumento da força de atração gravitacional. Unindo esses dois conceitos tão distintos, a Dinâmica procura interpretar, até certo ponto gratuitamente, que ocorre uma compensação entre a inércia do corpo e a sua força externa de atração. Sendo que esta exata e automática compensação mantêm constante a aceleração de um corpo em queda livre.

Muito embora tal interpretação, aparentemente, pareça ser bastante razoável, verdade é que ela deixa a desejar, pelos motivos a seguir expostos:

a) Essa compensação nunca foi demonstrada matematicamente. É apenas o resultado de uma interpretação da primeira e segunda lei de Newton a partir de um raciocínio lógico típico dos filósofos aristotélicos.

b) Tal explicação é insatisfatória porque não se trata de uma dedução matemática das leis newtonianas, mas simplesmente de uma interpretação dessas leis.

c) A referida explicação newtoniana desvia a mente do verdadeiro âmago do problema, pois se ocorre uma compensação entre inércia e força de atração, então qual seria a força resultante que causa o movimento acelerado? Ou será não há nenhuma força resultante, tendo em vista sua total compensação ou anulação?

d) Essa suposta compensação não estabelece a resultante de uma força constante, a qual seria responsável pela aceleração constante observada no movimento do corpo em queda livre.

e) Não esclarece a relação que deve existir entre uma aceleração constante e a necessidade da força ser constante.

f) Essa suposta diferença de compensação entre inércia e atração não está explicitamente prevista na segunda lei de Newton, mas é o resultado de uma simples interpretação e não de uma previsão matemática.

g) Se no processo dessa suposta compensação, a força externa de atração é anulada pela inércia da matéria, já não resta nenhuma força operando no corpo em queda livre, ou então se deve admitir a existência de um outro tipo de força resultante com intensidade constante para todos os corpos independentemente de seu peso ou massa, para estar em conformidade com uma aceleração constante.

h) Por outro lado, todos os corpos em queda livre apresentam força externa nula. Isso implica que em queda livre não existe nenhuma força externa atrativa para ser compensada pela inércia. Portanto, não existe essa suposta compensação.

Porém, a Teoria do Dinamismo explica o fenômeno da queda livre, não em termos de uma compensação entre a força de atração externa com inércia do corpo, mas sim da seguinte maneira: A gravidade exerce sobre o corpo em queda livre uma força de atração externa (**F** = **m** . α), que ao vencer a oposição oferecida pela inércia, entra em equilíbrio com o impulso gravitacional (**f$_g$** = **e** . **g**) produzida pelo campo de gravidade do planeta.

6º - A força externa, conforme definida pela segunda lei de Newton, depende da massa; ou seja, quanto maior for a massa de um corpo, tanto maior será a intensidade da força externa, já que a aceleração permanece constante. Porém, apesar disso, Galileu Galilei havia demonstrado que a variação de velocidade dos corpos em queda livre não depende da massa ou do peso (força externa). Portanto, conclui-se que a segunda lei de Newton não explica satisfatoriamente a causa dinâmica do movimento dos corpos em queda livre.

A Teoria do Dinamismo explica que todos os corpos em queda livre estão sob a interação de um impulso gravitacional de intensidade constante (**f$_g$** = **cte** = **e** . **g**), a qual independe da massa ou do peso do corpo.

7º - Finalmente pode-se acrescentar o fato de que a aceleração da gravidade é definida pela intensidade do campo gravitacional do planeta, independentemente da massa ou da força externa que atua sobre um corpo em queda livre ou em repouso, conforme demonstra a seguinte expressão da Mecânica Clássica ($g = G \cdot M/d^2$). Em outras palavras, a aceleração da gravidade existe num ponto do espaço independentemente da existência de qualquer corpo interagindo no campo gravitacional do planeta.

Novamente a Teoria do Dinamismo aparece para dizer que os corpos em queda livre apresentam sempre a mesma intensidade de impulso porque entram em equilíbrio gravitacional com o campo do planeta, o qual lhe comunica um impulso gravitacional.

Embora tenham sido apresentados vários argumentos que demonstram a insuficiência da Teoria Newtoniana basta apenas um único argumento contrário para invalidar toda a explicação newtoniana do fenômeno do movimento. Por essa razão os argumentos apresentados são mais do que suficientes para demonstrar que a Teoria Dinâmica não consegue esclarecer generalizadamente as causas fundamentais do movimento dos corpos. Assim sendo, diante das perspectivas já apresentadas, a Teoria do Dinamismo surge como uma generalização perfeita à Dinâmica Newtoniana.

10. Conclusão

O principal objetivo do presente artigo consistiu em apresentar a Teoria do Dinamismo como um modelo altamente eficaz na formulação de uma nova Mecânica e também como uma teoria generalizada que veio para unificar a Cinemática galileana com a Dinâmica newtoniana. Diante desse quadro, foi dado um tratamento das principais propriedades Cinemáticas e Dinâmicas do movimento, sempre deduzidas a partir da Teoria do Dinamismo e comparadas com os resultados obtidos pela Mecânica Clássica.

Finalmente, com as explicações e a dedução da lei de Newton em função dos conceitos do Dinamismo tornou-se claro que a Dinâmica Clássica representa apenas um caso particular do Dinamismo, ficando evidente que a nova Teoria do Dinamismo é tão poderosa que conseguiu generalizar a Mecânica Clássica num conceito único, lógico e altamente consistente, avançando muito além de qualquer conhecimento existente sobre o movimento. Essa teoria não só integrou as partes da Mecânica Clássica num todo coerente, mas também está estabelecida numa sólida fundação conceitual e matemática que veio a se tornar uma nova ferramenta para pesquisar os segredos da natureza.

Leandro Bertoldo
Fundamentos do Dinamismo

Biografias

Aristóteles: Filósofo grego. Nasceu em Estagira aos 384 a.c. e faleceu em Cálcis, Eubéia aos 322 a.c. Durante vinte anos freqüentou a academia de Atenas sob a direção de Platão. Foi preceptor de Alexandre, o Grande, por sete anos. Em 335 a.c. retorna para Atenas e funda o Liceu. É autor de grande número de tratados de lógica, política, história natural, física, etc. Suas principais obras são: *Organon; Retórica; Poética; Tratado do Animais; Física; Os Meteoros; Céu; A Metafísica* e outras.

Rene Descartes: Filósofo, matemático e físico francês. Nasceu em La Haye, Touraine aos 1596 e faleceu em Estocolmo aos 1650. Devem-se-lhe a criação da Geometria Analítica e a descoberta dos princípios da óptica geométrica. Sua física mecanicista assentou as bases da ciência moderna. Suas principais obras são: *Discurso do Método; Geometria* e outras.

Galileu Galilei: Físico, matemático e astrônomo italiano. Nasceu em Pisa aos 15/02/1564 e faleceu em Arcetri aos 08/0l/1642. Galileu aperfeiçoou o telescópio. Descobriu os satélites de Júpiter, a lei do isocronismo, as leis da queda livre, o princípio de inércia e a lei da composição das velocidades. Por defender as idéias de Copérnico, foi obrigado a comparecer ao terrível Tribunal da Inquisição, onde foi "persuadido" a se retratar. Suas obras principais são: *Diálogo sobre os Dois Maiores Sistemas; Discurso sobre Duas Ciências Novas* e outras.

Isaac Newton: Físico, matemático, astrônomo e filósofo inglês. Nasceu em Woolsthorpe aos 25/12/1642 e faleceu em Kensington aos 20/03/1727. Descobriu as leis do movimento, a lei da gravitação universal e as leis da decomposição da luz. Enunciou a teoria corpuscular da matéria e da luz, e idealizou o telescópio refletor. Descobriu as bases do cálculo diferencial e integral. Suas obras principais são: *Philosophiae Naturalis Principia Mathematica; Óptica* e outras.

Glossário

Aceleração: É a grandeza vetorial que avalia a "variação" de velocidade do móvel no decorrer do tempo.

Cinemática: Parte da Mecânica Clássica que estuda e descreve o movimento dos corpos, sem considerar suas causas.

Dinâmica: Parte da Mecânica Clássica que estuda as forças e seus efeitos no movimento dos corpos.

Dinamismo: Disciplina científica estabelecida por Leandro Bertoldo em 1978, segundo a qual qualquer forma de movimento está associada a forças capazes de produzir os fenômenos de velocidade, aceleração, impacto, etc. Esta teoria estuda os movimentos unicamente em função das forças.

Equações do Dinamismo: São quatro equações vetoriais que expressam as leis das causas dos movimentos.

Estímulo: É a constante universal da relação entre força e movimento. Representada pela letra (e).

Força: É uma grandeza vetorial responsável pelas deformações e movimento dos corpos.

Gravidade: Interação de forças à distância entre a matéria.

Impacto: É a colisão entre um corpo contra uma superfície qualquer. Ou ainda, a colisão entre dois ou mais corpos.

Indução: Produção de força num móvel, em conseqüência da ação da um impulso que atua num corpo.

Interação: Influência recíproca entre as forças.

Massa: É a grandeza escalar que mede a quantidade de matéria associada ao corpo.

Mecânica: Parte da Física que estuda as leis que governam os mais variados movimentos.

Móvel: É todo e qualquer corpo em movimento.

Movimento: É o deslocamento e do corpo de uma posição para outra.

Movimento livre: É o movimento de um corpo isolado no espaço.

Movimento uniforme: São aqueles que apresentam força induzida constante e impulso nulo.

Movimento variado: São aqueles cuja força induzida varia no decorrer do tempo e o impulso permanece constante.

Peso: É a força de interação gravitacional com que o planeta atrai os corpos para o seu centro.

Posição: É a localização de um ponto no espaço.

Queda livre: Desprezada a resistência do ar, é a queda de um ou mais corpos abandonados próximo à superfície terrestre.

Repouso: É a permanência de um corpo na mesma posição no decorrer do tempo.

Velocidade: É a grandeza vetorial que avalia a intensidade do movimento.

Teoria: É um modelo (fundamentado no método científico) criado para descrever e prever os fenômenos.

Tipos de movimentos: Basicamente os movimentos podem ser classificados em duas classes, a saber: *movimentos uniformes* e *movimentos variados*.

Notas

1- "Felix qui potuit rerum cognoscere causas" (Feliz aquele que pôde conhecer as causas das coisas).

2- "Dubitando ad veritatem pervenimus" (Duvidando chegamos à verdade).

3- "Delenda Carthago" (Cartago deve ser destruída).

4- "Ad augusta per angusta" (A resultados sublimes por vias estreitas).

5- "Labor omnia vincit improbus" (Um trabalho perseverante vence tudo).

6- "Sapiens nihil affirmat quod non probet" (O sábio nada afirma que não prove).

7- "Qui habet aures audiendi, audiat" (Quem tem ouvidos para ouvir, ouça).

8- "Exegi monumentum aere perennius" (Ergui um monumento mais duradouro que o bronze).

Bibliografia

Civita, Victor: Editor e Diretor. *Almanaque Abril 1.983*. São Paulo: Editora Abril Ltda., 1983.

Bertoldo, Leandro, *Artigos Sobre o Dinamismo*, Editora Litteris, Rio de Janeiro, (2000).

Bertoldo, Leandro, *Teoria Matemática e Mecânica do Dinamismo*, Editora Litteris, Rio de Janeiro, (2002).

Bertoldo, Leandro, *Teses da Física Clássica e Moderna*, Editora Litteris, Rio de Janeiro, (2003).

Bloch, Arthur. *A Lei de Murphy, livro três: mais errado porque tudo dá motivos*. Traduzido e transubstanciado por Millôr Fernandes; ilustrado por Jaguar. 5ª edição. Rio de Janeiro: Editora Record, 1994.

Casini, Paolo. *Newton e a Consciência Européia*. Tradução de Roberto Leal Ferreira. São Paulo: Editora da Universidade Estadual Paulista, 1995.

Dampier, Sir William Cecil. *História da Ciência*. Tradução, notas e complemento bibliográfico de José Reis. 2ª edição. São Paulo: IBRASA, 1986.

Doyle, Sir Arthur Conam. *O Vale do Terror*. Tradução de Álvaro Pinto de Aguiar. Rio de Janeiro: Grupo Ediouro - Editora Tecnoprint S.A.

Eisberg, Robert M. e Lerner, Lawrence S., *Física: fundamentos e aplicações*; tradução de Ivan José Albuquerque; revisão técnica Roberto Motejunas, Olivério Delfin Dias Soares, São Paulo, MacGraw-Hill do Brasil, (1982).

Geymonat, Ludovico. *Galileu Galilei*. Tradução de Eliana Aguiar. Rio de Janeiro: Editora Nova Fronteira, 1997.

Koogan/Houaiss - *Enciclopédia e Dicionário Ilustrado*, Edições Delta, Editora Guanabara Koogan, Rio de Janeiro, 1.993.

Resnick, Robert e Halliday, David, *Física I*, tradução de Marcio Quintão Moreno e outros, 2ª ed. Rio de Janeiro, Livros Técnicos e Científicos Editora S.A., (1979).

Westfall, Richard S. - *A Vida de Isaac Newton*, tradução de Vera Ribeiro, Editora Nova Fronteira, Rio de Janeiro, 1.995.

www.ingramcontent.com/pod-product-compliance
Lightning Source LLC
Chambersburg PA
CBHW060841220526
45466CB00003B/1195